TiO_2 基材料及光催化还原 CO_2 制备碳氢燃料

王其召 佘厚德 王 磊 著

中国石化出版社

图书在版编目（CIP）数据

TiO2 基材料及光催化还原 CO2 制备碳氢燃料 / 王其召，佘厚德，王磊著. —北京：中国石化出版社，2020.8
ISBN 978-7-5114-5885-8

Ⅰ. ①T… Ⅱ. ①王… ②佘… ③王… Ⅲ. ①二氧化钛-纳米材料-研究②光催化-还原反应-二氧化碳-制备-碳氢排放 Ⅳ. ①TB383②TQ038.1

中国版本图书馆 CIP 数据核字（2020）第 133384 号

未经本社书面授权，本书任何部分不得被复制、抄袭，或者以任何形式或任何方式传播。版权所有，侵权必究。

中国石化出版社出版发行

地址：北京市东城区安定门外大街 58 号
邮编：100011 电话：(010)57512500
发行部电话：(010)57512575
http://www.sinopec-press.com
E-mail:press@ sinopec.com
北京富泰印刷有限责任公司印刷
全国各地新华书店经销

*

710×1000 毫米 16 开本 9.5 印张 172 千字
2020 年 8 月第 1 版 2020 年 8 月第 1 次印刷
定价：58.00 元

前 言

能源短缺与环境污染两大问题已成为目前乃至未来较长一段时间之内人类社会发展必须要重点解决的课题。尽管太阳能和风能等可再生能源发电占比已经在逐年扩大，未来几十年世界仍将主要依赖化石燃料。世界各国在2015年12月达成的《巴黎协定》中设定了一个美好的目标：21世纪全球平均气温升幅与工业革命前水平相比不得超过2℃。几年过去了，可以看到随着新兴经济体的迅猛发展与世界人口膨胀，在21世纪30年代之前全球的碳排放仍然会迅速增长。这意味着全球气温增幅控制在工业革命前水平，即1.5℃甚至2℃以内的可能性几乎为0。在未来10年乃至更长的时间段内我们面临的将是一系列不期而至的生态灾难：两极冰川融化，沿海地区海水侵蚀，频频爆表的夏季气温与蔓延的森林大火……

作为世界上最大的清洁能源投资国，中国也是世界上最大的化石燃料——二氧化碳排放国。如何处理好碳排放问题不但事关经济的可持续发展，也事关我国在减排问题上的庄严承诺能否完全实现（2030年以前单位国内生产总值二氧化碳排放比2005年下降60%～65%）。本书着眼于能源消耗与温室气体排放之间的关联，从利用太阳能转化温室气体CO_2为化学燃料从而帮助自然界实现碳循环这一问题入手，系统地阐述了CO_2光催化还原这一反应的原理、机制，实验测试装置的搭建以及主要光催化剂的设计，制备技术和表征测试手段等。这对于有志于太阳能综合利用的科研技术人员具有很好的学术参考价值，同时也可以作为教科书帮助本科学生与研究生快速了解CO_2还原光催化领域的原理与技术，介入此领域的科研工作。

全书由王其召、佘厚德、王磊等编著，结合工作组近年的科研工作与指导的研究生论文和相关文献，对 CO_2 光催化还原技术做了系统详细的介绍。第 1 章主要介绍 CO_2 光催化还原的重要性、意义及基本原理。第 2 章介绍 CO_2 光催化还原的主要进展。第 3 章围绕 TiO_2 催化剂，通过对半导体进行缺陷态的引入、掺杂(包括金属间掺杂、金属-非金属掺杂、非金属间掺杂)等方式，来实现对能带的调控，进而改进催化性能。第 4 章以半导体 TiO_2 光催化剂为基底，通过构建异质结、控制 TiO_2 合成条件调控其形貌，以提高光催化剂的催化活性且降低 CO_2 的反应选择性。第 5 章对天然高分子——壳聚糖的性能和制备进行简单叙述，实现了天然高分子与无机半导体材料 TiO_2 的完美融合，充分发掘了壳聚糖链上的—NH_2 的特殊相互作用的优势，使无机半导体材料 TiO_2 在光催化 CO_2 还原中表现出优异性能。第 6 章介绍了高分子敏化体系——卟啉化合物的相关性质及合成策略等基本内容，通过合成复合材料 CuTCPP/P25m、CuTCPP⊂UiO-66/TiO_2、PCN-222(Cu)/TiO_2 以及纳米复合材料 PCN-224(Cu)/TiO_2，讨论复合材料在光催化还原 CO_2 中的显著效果，并探究机理。第 7 章以复合材料 $Zn_3In_2S_6$/TiO_2 光催化剂样品为例，介绍了催化剂的表征手法，包括 XRD、SEM、UV-vis DRS、TEM、PL、BET、SPS、I-t、EIS 以及光催化还原的评价方法等内容。

本书在编写过程中还得到相关老师和同学的支持和帮助，在此一并表示感谢。

由于编著者的能力所限，书中不足、偏颇之处在所难免，敬请广大读者批评指正。

目 录

1 绪论 …………………………………………………………………… (1)
  1.1 CO_2光催化还原的意义 ……………………………………… (1)
  1.2 光催化技术基本原理 …………………………………………… (2)
  1.3 CO_2光催化还原制备 CO 和 CH_4 的基本原理 ……………… (3)
2 CO_2还原光催化剂的研究现状 …………………………………… (6)
  2.1 引言 ……………………………………………………………… (6)
  2.2 TiO_2基光催化剂 ……………………………………………… (6)
  2.3 其他类型催化剂 ………………………………………………… (12)
3 能带调控提高 TiO_2基材料光催化还原 CO_2性能 ……………… (15)
  3.1 掺杂对 TiO_2的影响 …………………………………………… (15)
  3.2 CNNA-$OTiO_2$复合材料光催化还原 CO_2性能的研究 ……… (18)
  3.3 小结 ……………………………………………………………… (27)
4 2D-2D SnS_2/TiO_2复合材料的光催化 CO_2还原探究 ………… (29)
  4.1 形貌调控对于 TiO_2基光催化剂的影响 ……………………… (29)
  4.2 异质结的主要类型简介 ………………………………………… (30)
  4.3 2D-2D SnS_2/TiO_2复合材料的光催化 CO_2还原 ………… (32)
  4.4 小结 ……………………………………………………………… (44)
5 改性二氧化钛-天然高分子复合材料的光催化 CO_2还原 ……… (46)
  5.1 壳聚糖 …………………………………………………………… (46)
  5.2 制备方法 ………………………………………………………… (47)
  5.3 分析表征 ………………………………………………………… (48)
  5.4 性能和机理 ……………………………………………………… (52)
  5.5 小结 ……………………………………………………………… (54)
6 高分子敏化体系 ……………………………………………………… (55)
  6.1 卟啉化合物 ……………………………………………………… (56)

  6.2 卟啉基催化剂 ·· (58)
  6.3 CuTCPP/P25$_m$复合材料的光催化 CO_2 还原性能的研究 ············· (63)
  6.4 CuTCPP⊂UiO-66/TiO_2复合材料的光催化 CO_2 还原性能研究 ······ (79)
  6.5 PCN-222(Cu)/TiO_2复合材料的光催化 CO_2 还原 ······················ (92)
  6.6 PCN-224(Cu)/TiO_2纳米复合材料 CO_2 还原性能 ······················ (101)
7 光催化 CO_2 还原的实验装置及评价方法 ··· (121)
  7.1 实验仪器 ··· (122)
  7.2 表征方法 ··· (122)
  7.3 光催化还原性能评价 ·· (125)
  7.4 $Zn_3In_2S_6$/TiO_2光催化还原 CO_2 ··· (127)
  7.5 光催化机理分析 ·· (135)
  7.6 小结 ··· (136)
参考文献 ··· (138)

1 绪 论

1.1 CO_2 光催化还原的意义

过去几十年来，由于与纺织、染料、化肥、高分子等材料的需求持续增长，不可再生能源的消耗正以迅猛的速度增长，从而引起了令人震惊的能源危机。全球发展的可持续性依赖于充足的能源供应及其对环境的影响，即保持能源和环境之间的消耗和恢复之间的平衡。目前全球约 80% 的能源消耗是由化石燃料产生的，据联合国政府间气候变化专门委员会等机构的报告显示，2019 年地球大气中的 CO_2 浓度已经超过 415ppm（$1ppm=10^{-6}$）。过去 80 万年间自然界可以把 CO_2 浓度调控在 180~300ppm 之间，而现在的数值已经超出自然界能自我调控的范围很多了。2019 年全球的碳排放量达到 $80×10^8 t$，且以每年 1.5% 的速度增加，到 21 世纪末全球的总的碳排放将达到 $260×10^8 t$。CO_2 是一种主要的温室气体，由于人类活动产生的过量 CO_2 排放造成的温室效应是导致气候变暖的主要因素之一，过去的 5 年是有历史记录以来最热的 5 个年份。人类活动导致大气成分的变化已经在全球范围内造成了包括荒漠化、海平面上升和频繁发生的极端天气与森林火灾等一系列生态灾难。这些生态灾难反过来又会加剧自然界中碳循环的不平衡，造成恶性循环而使得自然界无法自我调控恢复平衡，需要人类的介入才能维持生态环境的稳定。

众所周知，太阳能是一种可再生的清洁能源。太阳光辐射的能量可用于驱动光学活性光催化剂（如 TiO_2）进行表面的化学反应，从而产生太阳能燃料，包括通过光解水分解产生的氢气或在水分子存在时通过 CO_2 光还原产生碳氢化合物燃料（甲烷、甲醇等）。相比碳氢化合物，氢气的问题在于能量密度低，这就带来了运输、存储和安全等一系列和基础设施相关的问题。毋庸讳言，这些问题严重地阻碍了氢能应用的发展。虽然致密的碳基燃料不存在这类问题，而且传统上也已经有了一些方法对 CO_2 分子进行化学转化，但是这些转化需要在高温高压高能耗等比较苛刻反应条件下才能进行。这是因为 CO_2 在结构上是热力学上最稳定的碳化合物分子，$C=O$ 键的断裂能约为 750kJ/mol，将其转化为其他分子时需要很高的能量才可以打断原有的化学键，所以这类反应一般都必需高额的能量输入。

相比传统的 CO_2 转化方法（因额外的能源消耗对碳减排没有实际的意义），在高效的光催化剂存在的情况下，光催化反应可以在能量要求较低的温和条件下进行。因此，以可再生的清洁能源太阳能作为光合反应的驱动力时，CO_2 的转换固定才有实际意义，这也是自然界实现碳和氧元素循环的方式：

$$6H_2O+6CO_2+h\nu \longrightarrow C_6H_{12}12O_6+6O_2 \qquad (1-1)$$

通过太阳能可持续地转换 CO_2 被认为是解决燃烧化石燃料带来的环境问题的最佳手段。它具有如下的优点：①这个过程使用永不枯竭的太阳能作为驱动力，清洁环保；②它可以在室温常压等相对温和的条件下进行；③CO_2 的光催化还原可直接产生 CH_4、CH_3OH、C_2H_6 等短链烃类燃料，缓解日益紧张的能源危机；④在替代日益枯竭的化石燃料的同时缓解大气中碳含量的累积，对生态环境的保护做出贡献。

1.2 光催化技术基本原理

自1972年以来，Fujishima 和 Honda 报道了 TiO_2 电极上水的光催化分解产氢，光催化技术在能源和环境应用中引起了人们日益浓厚的研究兴趣。一般来说，有光催化剂参与的反应称为光催化反应，在这里光催化剂起到促进反应或者加速反应的作用。光催化剂作为对光有响应的半导体材料，当暴露于光照射的情况下会产生电子-空穴对。根据能带理论，半导体的能带由导带（conduction band，CB）和价带（valence band，VB）组成。介于导带和价带之间的带隙（E_g）对光的吸收范围是影响光催化性能的关键因素。光催化剂受到高于带隙能量的光子照射会激发出电子和空穴。带隙是否合适决定了光催化剂能否发挥作用，这是因为如果带隙太大则难于被入射光的能量激发，入射光或者被散射或者被吸收产生热量而不会参与反应，但是如果带隙太小，则已分开的载流子又容易重新复合，而不会迁移到催化剂表面参与反应。

光催化基本原理如图1-1所示：太阳光照射催化剂使其受激产生载流子；载流子在体相和表面的迁移；反应物在催化剂表面的吸附；载流子在催化剂表面参与发生氧化还原反应，生成产物；反应产物在催化剂表面的脱附。这些步骤共同决定了光催化反应的速率，而光催化剂的颗粒大小、催化剂的能带结构、晶体结构和缺陷、导电性和吸附性能以及有无负载助催化剂等因素都会对上述步骤综合产生影响。

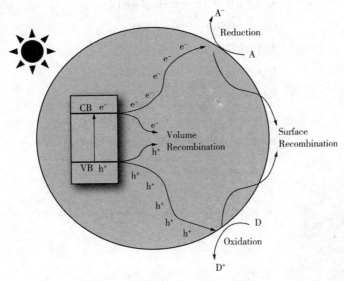

图 1-1 光催化基本原理示意图

1.3 CO_2 光催化还原制备 CO 和 CH_4 的基本原理

主要的光催化反应包括氧化性的光催化降解矿化反应与光催化还原反应。不同于热力学可自发进行的光催化降解反应,光催化还原反应体系的热力学自由能是增加的,必须要外来能量的加入,否则不能自发进行。在配合具有适合能带结构的光催化剂时,入射光能量必须足以将光生电子激发到导带位置比反应还原电势更负(上方)的位置才可以满足反应发生的条件。以 TiO_2 半导体光催化剂为例,CO_2 光还原的机理是通过一系列复杂的步骤完成的。为了还原 CO_2,必须使用能量等于或高于 TiO_2 带隙($E_g \geqslant 3.2eV$)的光($\lambda < 387nm$,约占太阳光谱范围的 4%)激发光催化剂。带隙激发导致在导带(0.5eV)中形成电子,在价带(2.7eV)中形成空穴。因为导带位置越负,在导带中的电子的还原能力就越强;反之,价带的位置越正,则价带中空穴的氧化能力就越强。所以从热力学上讲,单独使用 TiO_2 可以光催化 CO_2 生产任何还原电位比导带位置更负的产品,例如 CH_4(-0.24V)和 CH_3OH(-0.38V)。实际发生的步骤比较复杂,已经提出的反应路线有甲醛路线、碳烯路线等。前者更适合解释液相(水)CO_2 还原体系,后者则对气相 CO_2 还原吻合更好,受到了更多实验事实的支持,故在此只介绍碳烯路线机理(图 1-2)。具体过程如下所示:

$$H_2O + h^+ \longrightarrow \cdot OH + H^+ \tag{1-2}$$

$$CO_2+2H^++2e^-\longrightarrow HCOOH \quad (1-3)$$

$$CO_2+e^-\longrightarrow \cdot CO_2^- \quad (1-4)$$

$$CO_2+2H^++2e^-\longrightarrow CO+H_2O \quad (1-5)$$

$$CO_2+4H^++4e^-\longrightarrow HCHO+H_2O \quad (1-6)$$

$$CO_2+8H^++8e^-\longrightarrow CH_4+2H_2O \quad (1-7)$$

$$CO_2+6H^++6e^-\longrightarrow CH_3OH+H_2O \quad (1-8)$$

$$CO_2+12H^++12e^-\longrightarrow C_2H_5OH+3H_2O \quad (1-9)$$

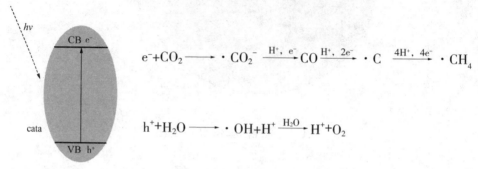

图 1-2　CO_2 光催化还原的碳烯路线机理示意图

其中 CO_2 的活化步骤[式(1-3)]在反应中起到关键的作用。虽然表面看起来这步活化过程是一个单电子反应，但其还原电势达到 -1.9eV，实际上较难发生，是反应的控制步骤之一。

CO 和 CH_4 是 CO_2 光催化还原反应主要的气相产物，可以看到[式(1-8)]，生成甲烷需要 8 个氢原子自由基的参与，进行比较困难。相比之下，生成 CO 的反应过程只涉及到 2 个电子，所以 CO 的选择性一般比较高。人们对 CO 产生的机制争议较少。一般认为在 CO_2 吸收电子活化为自由基负离子以后，最先发生的是 $\cdot CO_2^-$ 被还原为 CO 和 $\cdot C$。$\cdot C$ 随后可以和氢自由基(由 H^+ 和 e^- 得到)结合得到一系列含有一个碳原子的自由基，从而得到 CH_4。

由式(1-16)可知，从 CO 得到 CH_4 需要更多的电子参与反应。单独的 TiO_2 在光催化的过程中主要产物为 CO，可是如果 TiO_2 表面负载金属类助催化剂(Pt、Ag 等)，往往可以提高产物中 CH_4 的选择性。这种在实验中常见的现象就是因为金属助催化剂可以提高局部的电子密度，从而作为产 CH_4 的活性位点；另外金属和半导体之间的肖特基接触也有利于多电子过程的发生。除了反应的热力学控制以外，传质等动力学因素也会影响反应的速率和产物分布。CO_2 在催化剂表面的吸附就是一个速率控制步骤。增大 CO_2 的压力有助于提高 CO_2 在催化剂表面的吸附量，从而有利于反应的进行；提高温度往往也有利于反应，这主要是因为传质效率的提高以及产物脱附会更加方便。催化剂表面的亲水性也是影响反应的一个因素，当催化剂表面经过疏水改性后，则容易发生如式(1-15)所示的生成甲烷的反应；当催化剂表面亲水时，·CH_3容易和·OH结合得到终产物甲醇。更进一步，当催化剂分散在水中时，因为CO_2的溶解度不高，所以水分子相比CO_2分子有更大的机会吸附在催化剂表面，导致水分解反应占据优势，从而使得CO_2还原反应受到一定的抑制。气相体系的CO_2光催化还原相比液相光催化体系，产物和催化剂的分离也更容易一些。

$$CO + e^- \longrightarrow ·CO^- \tag{1-10}$$

$$·CO^- + H^+ + e^- \longrightarrow ·C + OH^- \tag{1-11}$$

$$·C + H^+ + e^- \longrightarrow ·CH \tag{1-12}$$

$$·CH + H^+ + e^- \longrightarrow ·CH_2 \tag{1-13}$$

$$·CH_2 + H^+ + e^- \longrightarrow ·CH_3 \tag{1-14}$$

$$·CH_3 + H^+ + e^- \longrightarrow CH_4 \tag{1-15}$$

也可以总结成：

$$CO + 6H^+ + 6e^- \longrightarrow CH_4 + H_2O \tag{1-16}$$

2 CO_2还原光催化剂的研究现状

2.1 引言

　　光催化的过程和反应体系的搭建(反应器设计、光源、反应介质、催化剂固定的介质等)有很大的关系，但是对反应起直接影响的还是光催化剂。在光催化过程中，反应物和产物的吸脱附、光激发得到载流子、光生载流子的迁移速率和分离效率这几个速率限制步骤都和光催化剂的性质密切相关。能用于商业用途的光催化剂应该具有价格低廉、无毒环保、稳定高效、光谱响应范围宽、具有合适的能带位置以及合适的颜色外观等特点。可是常见的光催化剂很难能同时具备上述这些要求，所以对于现有的光催化剂加以改性以及同时开发新型光催化剂就成为了现阶段光催化领域的研究重点。

　　虽然经常被看作氧化型的光催化剂，TiO_2其实是最早应用于光催化CO_2还原的光催化材料，而且商业化的P25对于CO_2光催化还原中的效果也比较好，加上它化学性能稳定、价格低廉，经常被用来和新型光催化剂做比较。但是TiO_2的光响应范围太窄，只对紫外光有响应。从图2-1中可以看到，和很多半导体材料相比，TiO_2的导带位置不够高，用作CO_2光催化还原过程是比较勉强的；反而它的价带位置偏低，空穴的氧化性较强，这样就容易把还原得到的产品重新氧化掉。鉴于此，很多工作致力于改进这种材料的光催化性能；另外，其他的氧化物、硫化物、磷化物等半导体也广泛报道用于CO_2光催化还原。下面挑选一些现在用于CO_2光催化还原的光催化剂加以阐述。

2.2 TiO_2基光催化剂

　　虽然TiO_2只能利用占太阳光5%的紫外部分能量，但是其他金属氧化物也大多都有这个问题。相比起来，TiO_2的优点更为突出，且TiO_2对CO_2的吸附和活化作用较强，所以TiO_2以及TiO_2基的材料还是目前最广泛地应用于CO_2光催化还原的光催化剂。比起正交晶系的板钛矿和单斜晶系的B相，四方相的锐钛矿和金红

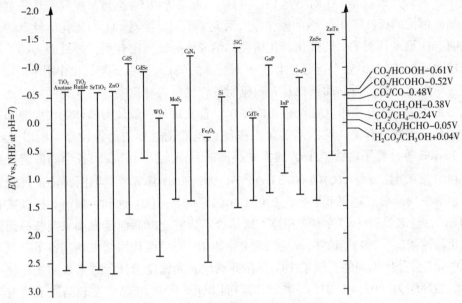

图 2-1 常见光催化剂能带位置图

石相的 TiO_2 受到关注要大得多。近 20 多年来纳米材料的研究方兴未艾,鉴于纳米粒子具有高比表面、小尺寸、表面能高等特点体现出比体相材料更优越的催化能力。1995 年 Anpo 等以水为还原剂,用纳米锐钛矿和金红石相的 TiO_2 与对应的粉体 TiO_2 催化材料分别光催化 CO_2 得到 CH_4,研究了尺寸效应对 TiO_2 光催化还原能力的影响。结果表明纳米颗粒的确有更大的 CO_2 吸附量;并且锐钛矿相相对于金红石相的 TiO_2 体现出非常明显的反应活性。现在人们已经知道,虽然锐钛矿 TiO_2 的带隙较高(3.2eV)而且是间接带隙半导体,但是其载流子复合速率只有直接带隙的金红石相(3.0eV)中复合速率的十分之一,所以催化活性较高。而商用 Degussa 的 P25 纳米 TiO_2 颗粒含有 80%锐钛矿和 20%金红石相,由于形成同质结,更加有利于载流子分离,所以这种商品也成为很多研究中采纳的标准样品。

因为 TiO_2 有四种晶型,所以晶型调控在 CO_2 光催还原的研究中也是要考虑的。虽然锐钛矿的研究占这方面的主流,其他晶型的催化活性也可见少量报道。2013 年,Li 等首次报道板钛矿相 TiO_2 对 CO_2 光催化还原反应的活性。实验表明板钛矿相 TiO_2 的活性比金红石相好的多(经过理论计算,现在一般认为这种高活性源自其表面形成氧空位和间隙钛等缺陷所需能量低于金红石相和锐钛矿相 TiO_2),当板钛矿相和锐钛矿相 TiO_2 以 1∶3 比例组成同质结时,这种催化剂的催化效果大大高于商用的 P25。文章还指出板钛矿相对于 CO 的脱附能力与锐钛矿相和金红石相 TiO_2 是一样的,这就部分解释了为什么在缺少 Pt 系助催化剂时单独TiO_2的催化产物是CO而不是CH_4和H_2。Ohno等以PVA为调控剂水热法制备了晶面可控的板钛矿TiO_2纳米棒,深入研究了不同晶面对CO_2的催化活性。结果表明TiO_2纳米棒对CO_2的催化转化活性和纳米棒的长径比有关,这是因为随长度增加而增加的(210)主要起还原作用,而端面的(212)面主要起氧化作用。

对催化材料进行晶面调控是光响应能量转化材料研究中最活跃的领域,这方面的工作主要还是集中在锐钛矿相的TiO_2。催化理论一般认为晶体的表面能和表面的悬挂键数目有关,这些高能位点往往也是催化过程的活性位点。所以2001年Lazzeri等计算了锐钛矿TiO_2的常见晶面的晶面能,结果表明各个晶面能次序为$\{101\}(0.44J/m^2) < \{010\}(0.53J/m^2) < \{001\}(0.90J/m^2)$;但同时还发现锐钛矿相的平均晶面能还要低于金红石相TiO_2的平均晶面能。这和一般所知锐钛矿相TiO_2的活性较高这一实验事实相悖,暗示着不能完全以晶面能大小来判断晶面的催化活性强弱。2011年刘岗领导的研究组以HF为晶面调控剂水热制备了一系列3种晶面百分比不同的锐钛矿TiO_2样品并测试其光催化活性。结果表明光催化还原活性顺序为$\{001\}<\{101\}<\{010\}$,这可以归因于$\{010\}$晶面在表面原子结构(5配位Ti)以及表面电子结构(更低的导带位置)都有优势,也即表面原子结构和能带位置共同决定了特定晶面的光催化活性。余家国团队则通过DFT计算得出$\{001\}$面的价带位置较高从而容易富集空穴的结论,这就从理论上解释了不同晶面暴露的晶体对光生电荷分离能力较高的实验现象。叶立群等则对不同比例晶面占优的TiO_2测试了液相中罗丹明B降解和气相CO_2还原两种模型测试。催化活性对于CO_2还原结果还是$\{001\}<\{101\}<\{010\}$,但对降解实验却得出正好相反的顺序:$\{010\}<\{101\}<\{001\}$,表明$\{001\}$面富集空穴的能力对液相降解反应的影响更为突出。以上工作为催化剂的设计给出了非常有借鉴的理论和实验方面的指导,总结很多实验事实以后,可以发现气相反应条件下表面原子结构导致的反应物吸附活化似乎在决定催化剂活性方面的影响更大。

对TiO_2进行能带加工,降低其带隙提高光采集效率是提高其光催化活性的一个直接有效的手段。理论上,阳离子(Fe、Co、Ni、Cu、V等)掺杂是以牺牲导带的位置来提高光响应范围的,所以这会影响到TiO_2原本就比较弱的导带电子的还原能力,所以这种策略有一定的局限。但是一些文献给出了阳离子掺杂获得非常优异的实验结果,2005年Gunlazuardi等采用硝酸铜溶液浸渍的办法在P25中掺杂Cu,结果表明掺Cu能持续地扩展材料对光的响应范围,而Cu^+作为电子捕获陷阱能有效地分离载流子,同时反应的活化能降低了一半以上,证明铜还起到反应位点的作用;但是比例超过3%以后,掺入原有晶格内的金属离子则成为载流子复合中心,也就降低了电荷分离效率。Ce掺杂的TiO_2在CO_2还原的实验中也发现,虽然Ce离子掺入10%的时候仍然可以降低带隙,但当Ce离子掺杂量高于 3%以后,光生电子的能量已经不足以还原 H^+,这就使得催化过程中必需的 ·H 的量大大降低使得反应速度变慢。材料催化活性的增加主要还是因为可以变价的 Ce 起到了阻止载流子复合的作用。考虑到掺杂离子具有正反两方面的效应,所以阳离子掺杂必须控制在较低的范围内才能有效地提高主催化剂的活性。选择性地对主催化剂外表面进行掺杂,在一定程度上可以避免体相掺杂出现载流子复合中心的问题。Manzanares 等使用溶胶凝胶法制备了 Mg 离子表面掺杂的 TiO_2,表面掺杂可以使表面上 Ti^{3+} 浓度增加从而有利于 CO_2 的吸附与活化,Ti^{3+} 同时也起到电子陷阱的作用而提高载流子分离效率。Huang 等用 Zn 粉在水热条件下对 TiO_2 进行改性获得了蓝色 TiO_2,掺杂 Zn 在提高光响应的同时还对 Ti^{3+} 起到了稳定的作用。

非金属元素掺杂(H、B、N、C、I 等)也能有效地调节 TiO_2 过高的带隙,增强其光催化活性,这主要体现在对价带位置的调控而非降低导带位置,这样不会影响光生电子的还原能力从而在光催化还原的应用中取得一定的优势。在非金属元素中,理论计算表明在 F、N、C、S、P 等几种元素中,N 掺杂对 TiO_2 能带改善效果最佳。2009 年,Grimes 等在 N 掺杂的 TiO_2 纳米管阵列上负载 Pt 催化剂并用于 CO_2 光催还原实验。结果表明即使在自然光的照射下,其甲烷等碳氢化合物的产率也超过一般 TiO_2 样品实验室紫外光照射条件下的 20 倍以上;但如果没有 Pt、Cu 等助催化剂的存在,单独掺杂对催化活性的提升就没有特别明显。这说明虽然掺杂可以增强可见光响应,产生的表面缺陷和 Ti^{3+} 还有助于反应物的吸附和活化,但对载流子的分离还需要有助催化剂的参与才能达到最优的催化效果。Schaak 等则利用 Cu_3N 作为模板和氮源一步法制备了 $CuO-Ti_{2-x}N_x$ 空心纳米结构,在没有 Pt 助催化剂的情况下,光催产生甲烷的速率为 P25 的 2.5 倍,这要归因于氮掺杂产生的更高的光利用率以及 P-N 结对光生载流子的分离作用。使用 H_2 或 $NaBH_4$ 对 TiO_2 高温处理也可以扩展其吸光范围而获得有颜色的 TiO_2。除了 H 原子对原有晶格的相互作用以外,这种 TiO_2 中含有很多氧空位和 Ti^{3+},这有助于 CO_2 的吸附活化;不过限于载流子复合的问题,这种有颜色的 TiO_2 单独在 CO_2 还原方面的应用效果一般,报道也不是很多,而且要注意缺陷在体相中起到复合中心的问题。不过载流子复合的问题可以利用负载助催化剂等手段加以克服,Li 等用 H_2 对 $CuCl_2$ 溶液浸渍过的 P25 进行热处理后发现样品生成甲烷的活性提高了 189 倍。除了增强的吸光性以外,这种高活性还要归因于表面丰富的氧空位与 3 价钛对 CO_2 的活化作用和 Cu^0/Cu^+ 对光生载流子强大的分离作用。所以氢化处理 TiO_2 必须要注意体相缺陷浓度的控制问题。

一些实验事实表明表面的缺陷,特别是氧空位也有可能影响催化剂的光催化活性。Ohno 等在大气气氛下退火商用 TS-K 黑色 TiO_2 来控制表面结构和缺陷浓度，并测试样品对 CO_2 还原的活性。结果表明黑色 TiO_2 能吸收可见光是因为氧空位缺陷在价带上方形成的缺陷能级导致的，这有助于提高光的吸收；但氧空位还可能捕捉光生电子，低能量的光生电子可能因此不能被激发到导带上，从而降低了光量子效率。氧化性气氛下退火适当地降低表面 Ti^{3+} 和氧空位的浓度有利于增加光量子效率，提高催化活性。最近，Kar 等给出了一种火焰退火法处理 TiO_2 纳米管阵列的方法，令人惊奇的是虽然火焰退火法是 2002 年就已经有过报道的一种引入表面缺陷使得 TiO_2 带有颜色的方法，这次作者在没有使用任何助催化剂等帮助载流子分离的条件下，就获得了 156.5μmol/g·h 的甲烷产率，这基本是现有报道中单独使用 TiO_2 催化甲烷能达到的最高值之一了；虽然具体的机制并非很清晰，但表面缺陷的活化作用以及退火过程中产生的同质结（金红石和锐钛矿）对光生电荷的分离作用应该是对甲烷的高产率都有一定的贡献。不同于上述使用氢气等还原气氛下制造表面缺陷为主的有色 TiO_2，缺陷致色的 TiO_2 也可以通过双氧水不完全氧化低价钛前驱体（比如 Ti、TiH_2、$TiCl_3$ 等）加以获得。虽然这种反应是液相条件下进行的，体相缺陷比表面缺陷要多，但是很不容易解释的是这类催化剂往往催化活性还很好。比如 Zhang 等在 Ti 箔上获得的黑色多孔 TiO_2 膜对 CO_2 的转化率达到了商用 P25 的 400 多倍。另外，近来还涌现出一些新颖的、简便易行的，实际催化效果比较好的制备有色 TiO_2 的方法：比如氢等离子体快速氢化法和火焰等离子体处理法等；也有一些共掺杂甚至三元掺杂的报道出现，这些策略可能会抑制氧缺陷与载流子的复合中心的副作用，而部分克服现在有色 TiO_2 光催化活性不是很高的问题。缺陷除了对传统的电子结构有影响，可以增大光吸收或加速载流子分离等方面，还可以对电子的自旋极化性质有影响。最近，天大邹吉军团队向 TiO_2 等半导体中引入金属缺陷研究半导体中自旋极化效应对光催化性能的具体影响，发现因为电子光激发迁跃过程中还要保持角动量守恒，所以电子自旋极化会对催化活性产生重要影响。材料因为缺陷的引入产生室温铁磁性以及增强的光催化活性，这源于自旋极化状态的缺陷型 TiO_2 能增强电荷分离效率，而外加磁场能够进一步促进这种自旋极化的程度而加强光催化活性。这是首次用磁场增强光催化的活性的报道，且对费米面附近抑制了自旋向下的空穴和自旋增强的电子相互复合，具有重要的理论价值。随着材料化学的研究日益重视表面状态和缺陷态等研究方向，相信对 TiO_2 的能带加工会为以后太阳能的实际应用提供能够商业化的产品。

助催化剂（金属或金属氧化物）在 TiO_2 表面的负载可以大幅度的提高催化剂的光催化活性。这种提升一般有两种物理来源：金属与半导体之间的肖特基接触以及局域表面等离子体共振（LSPR）效应。常用的金属助催化剂比如 Pt、Pd、

Cu、Au、Ag 等和 TiO_2 等半导体接触时，金属的费米能级因为低于半导体的导带位置，从而形成了肖特基势垒，这有利于提高光生载流子的分离效率。作为一种常见的助催化剂，负载 Pt 到 TiO_2 的效果会增加产物中 H_2 和 CH_4 的比例。这主要是因为 Pt 本身就是产氢的高效助催化剂，同时 Pt 很容易吸附 CO，使得 CO 不能及时脱附从而可以继续沿着碳烯路线反应下去而得到甲烷。而 Cu 相比其他金属价格低廉受到关注也较多，Cu 还具有较弱的 SPR 效应，可以为反应提供热电子。和 Pt 类似，负载 Cu 助催化剂进行实验结果主要是得到甲烷而不是一氧化碳；不像 Pt 也会对光分解水非常高效，所以产物中不会有太多氢气，这使得产物中 CH_4 的选择性比较高；但是 Cu 会缓慢氧化而导致活性很快降低。上述金属中 Pd 的催化活性非常高，尤其对于 CH_4，可能是效果最佳的。原因较复杂，Pd 本身可以作为还原反应位点，还可以消耗空穴有助于载流子分离；Pd 还是一种 SPR 金属，可以为反应提供额外的热电子；Pd 在红外区还有很强的光热效应，提高局部温度促进物质传递过程；Pd 也对 CO 有较好的吸附（著名的钯蓝就是在 CO 气氛下制备的），这也可以促进 CO 向 CH_4 转化，获得高选择性。可是问题在于 Pd 的稳定性也不好，因为可以消耗空穴，所以容易被氧化而失活，这已经被 XPS 测试所证明。作为一种性质稳定的 SPR 金属，Au、Ag 用作助催化剂可以提高 TiO_2 的光催化活性，不同之处在于 Ag 对 CO 的吸附很弱而容易得到 CO，而 Au 更容易得到 CH_4 以及多碳烃类，这一般解释为 Au 可以提供更多的电子有利于涉及多电子过程的进行。

普通的纳米棒纳米球等简单纳米单位可以组装得到高级的层级结构，这有利于光的充分利用，从而可以提高材料的光催化活性。delaPeñaO'Shea 等利用静电纺丝与溶胶凝胶法制备了具有层级结构的 TiO_2 纳米束，其具有很大的晶界接触界面，从而提高了载流子传输速率，降低了载流子的复合率。提高了催化剂的活性至普通 TiO_2 的 2.5 倍以上。Wang 等采用鼓泡辅助的膜还原法一锅制备了 AuPd 双金属修饰的 TiO_2 光子晶体阵列。光子晶体的慢光子效应同样提高了材料对入射光的利用率，而金属助催化剂费米能级较低可以有效地转移光生电子，使得 CH_4 的产率达到 $18.5\mu mol/g \cdot h$，选择性为 93%。Yang 等则使用负载了 Ni 的黑色 TiO_2 制备了反转蛋白石结构，其 CO 的产率达到普通 P25 的 10 倍以上。朱永法课题组在一维的 TiO_2 纳米带上组装二维的 $ZnIn_2S_4$ 纳米片形成了具有独特形貌的 3 维 Z 型结构异质结，材料对甲烷的产出效率提高了 38 倍。在提高光的利用率的同时，TiO_2 导带的电子和 $ZnIn_2S_4$ 价带的空穴相复合从而提高了载流子的分离效率，而且消耗了 $ZnIn_2S_4$ 表面的空穴这也降低了其发生光腐蚀的概率。按照余家国和李鑫等提出的分类，Z 型结构属于 II 型 $n-n$ 异质结，Z 型异质结是以促进反应能力较弱的载流子相互复合而提升反应能力较强的载流子的分离效率和利用率。更常见的Ⅱ型异质结是 p-n 型异质结,比如 P 型可见光响应的钴铝水滑石包埋 P25,TiO_2 价带中的空穴迁移到水滑石价带,发生水氧化反应;而水滑石导带中电子则迁移到 TiO_2 导带发生 CO_2 还原为 CO 的反应。在没有牺牲剂的情况下,液相光催化 CO_2 的表观量子效率达到了 0.1%。鉴于各个实验小组使用的仪器和方法不尽相同,使用量子效率来衡量光催化剂的活性已经成为越来越为研究者们所接受的共识。

2.3 其他类型催化剂

金属硫化物,比如 ZnS 和 CdS,因其具有较合适的带隙以及导带位置,是很有吸引力的光催化剂。然而 CdS 具有载流子复合率较高,容易发生光腐蚀等问题,其应用一直很受限制。在空心结构的 CdS 微球表面生长氮掺杂的石墨烯层,N 元素有利于 CO_2 在催化剂表面的吸附和活化,而石墨烯以及空心球结构都有利于降低材料表面和体相发生载流子复合的几率从而大大提高 CO_2 的转化效率。闪锌矿和纤锌矿混合相的 CdS 也被报道具有增强的催化活性和稳定性,这是因为同质结促进载流子分离。在 CdS 上沉积 Ag 作为助催化剂也可以提升其催化活性。CdS 也可以和 WO_3 复合构建 Z 型异质结,这样 WO_3 导带上的电子和 CdS 价带上的空穴相复合可以提高载流子分离效率,缓解 CdS 累积氧化性的空穴而发生光腐蚀的问题。CdS 对于 CO_2 还原的活性不高的一个问题在于其对 CO_2 的吸附能力很弱,为了解决这一问题新晋诺奖得主 John B Goodenough 等利用对 CO_2 吸附能力很强的 Mo_2C 和 CdS 构建复合结构。虽然 Mo_2C 筑催化剂本身没有光活性,但是其可以促进主催化剂产生的载流子的分离,同时提供反应活性位点,从而产出 29.2μmol/h 的 CO 和 60.4μmol/h 的 H_2。氢气的溢出降低了质子参与甲烷化反应的发生几率从而提高了 CO 的选择性,C^{14} 实验表明 CO 来自气相而非催化剂中的碳。In_2O_3 对于 CO_2 的吸附能力也很强,楼雄文等以 ZIF-8 为模板制备的 $ZnIn_2S_4$ 和 In_2O_3 空心结构双层异质结。新材料在光生电子的产生,迁移和分离等方面都得到了增强,在三乙醇胺的存在下,CO 的产率达到了 3075μmol/(g·h),达到普通 $ZnIn_2S_4$ 活性的 2.5 倍以上。总结以上工作,提高金属硫化物对 CO_2 的光催化活性应该从载流子分离效率和反应物与产物的吸脱附方面入手。

MOF 作为一种新型的 CO_2 光催化还原催化剂,具有结构可调,孔隙率和表面积大等优点日益受到人们的重视。可是大多数 MOF 材料的带隙太宽只对紫外光有响应,必须和其他材料相互配合。叶金花等通过静电组装的方法将具有类沸石分子筛结构的多孔 BIF-20 同 g-C_3N_4 结合成为复合材料，能够使 g-C_3N_4 导带中的光生电子迅速转移到 MOF 材料的 B—H 键上，而 B—H 可以吸附和活化 CO_2 成为反应的活性位点。加入 BIF-20 可以对 g-C_3N_4 的光催化活性(CO)得到接近 10 倍的提高。王勇等溶剂热法合成了 $Cd_{0.2}Zn_{0.8}S@UiO$-66-NH_2 复合材料，MOF 材料不仅可以提高材料对 CO_2 的吸附性能，同时也可以通过向 $Cd_{0.2}Zn_{0.8}S$ 的导带中注入电子而提高载流子的分离效率。另外，当和金属卟啉相结合时，MOF 材料也可以单独作为光催化剂使用。Lin 等制备了金属卟啉(ZrPP-1-Co)，可以高选择性的取得 CO[14μmol/(g·h)]。这类 MOF 催化剂中的金属原子往往还可以作为金属量子点(被卟啉中的电子还原)而对 CO_2 起到活化的作用。

氮化碳类大分子材料(C_2N、C_3N、C_3N_2、C_4N、C_3N_4)是近来出现在人们视野中的一类新型半导体材料，因其中 N 元素含量不同表现出不同的光电性能。这类材料中，C_3N_4 受到的关注最多。2006 年 Antonietti 等人偶然发现了 C_3N_4 具有催化 CO_2 还原(非光催化)的活性。随后王心晨等首次报导了 g-C_3N_4 具有光催化活性(产氢)。2012 年张礼知课题组最先将 g-C_3N_4 用于光催化 CO_2 的实验中。大量的研究表明 C_3N_4 对于 CO_2 的吸附和活化主要来源于其中的 N 原子，将体相的 g-C_3N_4 剥层得到超薄片层结构也可以提高其对 CO_2 的吸附性能。Xu 等制备了多孔富 N 的 g-C_3N_4 纳米管，材料对 CO_2 具有更高的吸附量，在对 CO_2 的光催化过程中可以获得高产率的 CO，其数值达到了 103.6μmol/(g·h)，为体相 g-C_3N_4 的 17 倍。对 C_3N_4 在还原性(H_2)中进行热处理可以在材料中得到氮空位缺陷，这种缺陷可以在导带下方形成浅能级，提高材料光吸收能力以获得更高的光催化活性。N 空位或者 C 空位缺陷都可以起到促进载流子分离的作用。Yang 等通过热蒸汽刻蚀在 g-C_3N_4 上引入 C 空位缺陷，C 空位缺陷可以起到对 CO_2 分子活化的作用并且具有载流子分离的作用而得到 45 倍于体相 g-C_3N_4 的 CO(21.5μmol/h)。王心晨课题组利用片状的氮化碳和 $ZnIn_2S_4$ 复合而构建异质结，将氮化碳的催化 CO_2 的活性提高了 223 倍，这些工作为今后非金属半导体材料的研究做了非常有意义的探索。

钙钛矿类材料也是近来受到很多的关注。$SrTiO_3$ 作为一种钙钛矿型的氧化物，可以看成是 TiO_2 和 SrO 交替层状叠加的结构。Sr 的 4d 轨道比 Ti 的 3d 轨道能量更负，这就意味着 SrO 一面的导带能量更高，光生电子的还原能力更强。Au_3Cu 作为高效助催化对 $SrTiO_3$ 纳米管进行负载可以获得高产率的 CO[3.77mmol/(g·h)]，其中助催化剂的活性依靠水合肼保持。$CsPbBr_3$ 也是一种主要的钙钛矿类半导体晶体，特点在于它的量子效率特别高。但是这种材料对极性溶剂非常敏感，实际应用的时候必须使用包覆剂等对其加以保护，可即使如此也仍然很不稳定。利用

多孔 g-C_3N_4 表面富含的氨基与 $CsPbBr_3$ 表面的 Br 之间有强相互作用这一点，可以制备水溶液中稳定存在的复合材料。氨基和 Br 之间的键合还有利于载流子的分离，CO_2 的催化活性比单纯的 $CsPbBr_3$ 提升了 15 倍。不过 $CsPbBr_3$ 用于气相 CO_2 光催化中并无稳定性的问题。但是高的量子发光效率意味这种材料中光激发的载流子有很高的几率发生辐射电荷复合，从而导致活性降低。Kuang 等将钯蓝作为载体负载 $CsPbBr_3$ 量子点，Pd 可以作为电子的"蓄水池"而促进载流子分离，还可以作为反应的活性位点，从而提高了材料的催化活性。

3 能带调控提高 TiO_2 基材料光催化还原 CO_2 性能

半导体的禁带宽度越窄,对应于太阳光谱中的吸收边越大,即催化剂可以吸收更多的太阳能,有利于提高能量转换,增大光催化活性。同时光催化活性与其本身导带和价带位置息息相关,但是半导体带隙的减小伴随着价带位置的上移或导带位置的下移,从而导致光生电子-空穴对的氧化还原能力降低。因此,在设计光催化材料时,应制备同时兼具适宜带隙和能带位置的光催化剂。

在光催化还原 CO_2 的实验中,半导体光催化剂的 CB 位置应比 CH_4/CO_2(-0.24eV)电势更负,VB 位置应该与 H_2O/O_2(+0.83eV)的电势相接近。能够满足这一要求的半导体材料比较多,受到关注较多的是 TiO_2。虽然 TiO_2 在太阳能利用和光催化方面备受关注,但是其本征带隙宽度较大(锐钛矿相:3.2eV;金红石相:3.05eV),只能吸收太阳光中 5% 的紫外光(λ<413nm),从而其光催化活性受到了很大的限制,严重影响了其在光催化 CO_2 还原领域中实际应用的潜力。为了使太阳光中约 46% 的可见光得到利用,需要对 TiO_2 的晶体结构、能带结构和缺陷态等方面进行调控,从而改善其光催化性能。

3.1 掺杂对 TiO_2 的影响

掺杂是一种最广泛采用的扩展半导体光吸收范围的技术。1994 年 Hoffman 等发现通过在 TiO_2 中加入外来原子取代原本的 Ti 原子可以在材料中引入介于导带和价带之间的局域化能级,从而能有效地改变材料的光响应特性。掺杂可以减小 TiO_2 带隙宽度使其对可见光相应,是提高 TiO_2 对太阳光吸收率进而实现可见光催化的有效途径,又因其效果明显、容易实现、应用范围广泛等优点被广泛研究。

掺杂原子本身的能级分布还有其掺杂浓度对本征半导体材料的能级改变起到很关键的作用。图 3-1 是通过掺杂在 TiO_2a 能带中引入新的电子态,改变其电子结构和光吸收特性。根据不同位置的电子态引入,可将其分成以下四种类型:b 在 TiO_2 导带底部(约-0.3eV)引入连续态;c 在 TiO_2 价带顶部(约+2.9eV)引入连续态;d 在 TiO_2 带隙中引入能带;e 在 TiO_2 带隙中引入分立的能隙态。虽然这几

种机制均能调控 TiO_2 能带使之对可见光响应，但机制与效果却并不相同。其中 b 和 c 策略能够保证引入的带间杂质态与 TiO_2 能带的充分交叠从而保证载流子具有比较快的迁移率；相比之下，d 和 e 策略容易引入复合中心或降低载流子的迁移率而降低光催化的效率。

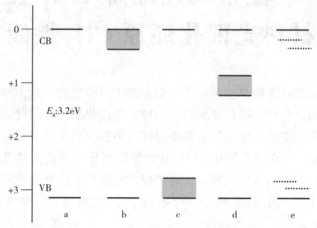

图 3-1　通过掺杂对 TiO_2 进行能带调控的四种机理示意图

TiO_2 的能带是由 Ti 3d 轨道和 O 2p 轨道能级构成的。掺杂入其他的金属或者改变 Ti 的价态都能够对导带位置进行调整，而掺杂非金属原子可以对价带位置进行调控。使用金属离子掺杂的好处在于合成方法简单，因为合适大小的外来金属原子可以容易地取代 TiO_2 晶格当中的 Ti 原子。Cu 是较早对 TiO_2 进行掺杂的元素，1994 年 Yamashita 等把 TiO_2 在 $CuCl_2$ 溶液浸渍获得了 Cu^{2+} 掺杂的 TiO_2，材料在紫外光的照射下对甲醇的选择性得到了加强，他们猜测其中 1 价 Cu 离子的存在对甲醇选择性有很大的提升。2002 年 Tseng 等采用类似的方法制备了 Cu-TiO_2，随后用 H_2 和 N_2O 对材料进行了热处理。结果发现复合材料对甲醇生成的活性和选择性大大增加了。后续的表征证明起作用的是 1 价铜离子。热处理主要是将 2 价铜离子转化为 1 价铜离子，所以 Cu_2O 的存在对于 CO_2 转化为甲醇是非常有利的。2005 年 Gunlazuardi 等随后深入的研究了 Cu^0、Cu^I、Cu^{II} 对反应的影响。通过研究发现，浸渍法制备的 Cu-TiO_2 材料中，掺杂离子主要集中在材料的表面，铜离子在 TiO_2 表面的一些位点富集生成铜的氧化物团簇。从作用上讲，掺杂铜离子一方面对于材料的吸光性能有显著的影响，另一方面 Cu^{2+}/Cu^+ 的相互转化在 TiO_2 晶格中起到了光生电子捕获位点的作用。Cu^{2+} 捕获电子生成 Cu^+，而 Cu^+ 又可以被 H^+ 或 O_2 氧化从而完成其还原-氧化的循环。2013 年 Li 等进一步研究了还原性气氛热处理对掺铜 TiO_2 的光催化 CO_2 还原性能的影响，发现还原性气氛热处理后的 Cu-TiO_2 的 CH_4 活性提高了 189 倍。这除了因为光吸收响应提高的因素之外，还要归因于热处理时材料的表面产生了 O 空位缺陷，这样会产生 Ti^{3+} 和表面氧空位。氧空位能吸附 CO_2 分子，从而提高了对反应物的反应动力学。另外 Cu^+/Cu^0 离子对的存在能够分别捕捉电子和空穴，从而达到在不同位置上对光生载流子的分离效果，这要比单独的 Cu^+ 效果更好。

金属离子的掺杂改性因为相对容易实现，所以在早期受到的关注比非金属离子掺杂要多很多。但是人们往往过于关注不同金属离子掺杂后的效果而忽视了掺杂这一手段对于 TiO_2 晶体的具体改变。Yan 等采用凝胶法制备 TiO_2 并用浸渍掺杂的办法制备了 Pd、Cu、Mn 等不同金属离子改性的 TiO_2。他们的理论计算表明不同于 Mn 掺杂，Cu 和 Pd 掺杂主要是影响了 TiO_2 的价带位置，这修正了一般认为金属离子掺杂是对导带位置产生影响的观点。对于掺杂离子的掺杂方式，他们认为 Pd^{2+}(86pm)、Cu^{2+}(72pm)、Mn^{2+}(80pm) 因其离子半径比 Ti^{4+}(68pm) 大故而难以以间隙形式在 TiO_2 晶格中存在；并且用 XRD，Laman 光谱等手段排除了这些金属离子以取代位置存在的可能性。这样就证明了即使是 1% 的低浓度掺杂，掺杂离子也主要是在催化剂表面以氧化物的形式存在。这在某种程度上可以稳定纳米颗粒，故而掺杂后的 TiO_2 颗粒尺寸会进一步减小，比表面积相应增大，这种掺杂离子会限制催化剂颗粒尺寸的现象在其他文献中也有报道。所以掺杂对催化反应的一个正面影响就是纳米尺寸效应。

掺杂带来的主要影响还是在于催化剂表面的氧化掺杂物一方面可以起到调节能带的作用，另一方面也可以更好地分离光生载流子，这是掺杂金属离子对光催化反应贡献最大的两个方面。另外，一些金属离子的掺杂形成的表面氧化物种，具有比 TiO_2 低的 Lewis 酸性，从而可以调节催化剂的表面吸附性。比如 Mg 掺杂的 TiO_2 纳米膜，相比纯的 TiO_2 其光采集能力不但没有明显提升还略有下降。但是因为表面 MgO 对于 CO_2 的选择性吸附使得掺杂后的催化剂整体光催化 CO_2 还原的效率提高了 3 倍。相似的 Bi 对 TiO_2 的掺杂也可以提高材料对 CO_2 的吸附能力，进而增强反应的动力学，提高反应速率。

不过金属离子掺杂对光催化 CO_2 还原也有负面影响，当掺杂离子浓度超过某一限度以后往往催化活性会急剧下降，这一般认为是掺杂离子过多一部分起到了载流子复合中心的作用而导致的。Krejčíková 等研究 Ag 掺杂的 TiO_2 对于 CO_2 光催化还原反应时认为极低浓度掺杂时 Ag 主要以 Ag^+ 形式存在，随着浓度逐渐增加在晶体表面会有带正电的 $Ag_n^{\delta+}$ 小团簇和几个纳米大的 Ag 团簇和 Ag 的氧化物出现。以此类推，孤立形式存在的金属离子一般被认为是对催化剂性能其促进作用的，而随着催化剂表面掺杂离子的聚集性增强，一些不利因素逐步累积最终使得金属离子掺杂出现一个最优范围。虽然这个范围基本上在 1% 附近，但是因为掺杂离子的存在形式多样，使得实际上很难真正确定起作用的掺杂量到底是多少。

Xin 等 2016 年提出了一种有别于高温氢化法等对设备要求较低的方法制备 Ti^{3+} 自掺杂可见光响应 TiO_2 光催化材料。他们的方法是预先用水热法以 TiH_2 为原料得到的板钛矿 TiO_2，通过退火处理达到 Ti^{3+} 自掺杂的 TiO_{2-x} 的目的。通过对电子顺磁共振谱图分析定量确定了所制备黑色 TiO_{2-x} 中 Ti^{3+} 大约是 Ti^{4+} 的两千九百分之一。随着退火温度的提高 Ti^{3+} 的量先增加后下降，导致 TiO_{2-x} 的带隙最低可以达到 2.1eV，体现在催化活性上也是相同的规律。这种方法的不足之处在于超过 500℃ 退火就不能使得缺陷浓度进一步增加，并且 Ti^{3+} 在表面没有分布而是全部存在于体相中，这就限制了催化活性的进一步提高。Wang 等则提出了另外一种不需高温氢化等手段也可简便易行的制备黑色 TiO_2 的方法。他们把金属钛片浸泡在双氧水中然后 130℃ 热处理 2h，所得黑色 TiO_2 膜相比 P25 对催化 CO_2 光还原反应的活性提高了 400~600 倍以上。这要归因于材料中存在着大量的氧空位缺陷，氧空位的存在不但使得晶体结构无序度增加，从而显著地降低了能带宽度，提升太阳光的能量利用率，而且 XPS 确认了材料表面也存在大量的氧空位，从而表面的氧空位可以吸附 CO_2 在吸收一个电子的情况下生成 $·CO_2^-$，而 Ti^{3+} 则俘获空穴从而有利于体相和表面的载流子更好的分离。而 TiO_2 和 Ti 基底构成的复合结构提高了材料的稳定性，长时间的催化反应没有观察到明显的活性下降，这也克服了高压氢化法获得的黑色 TiO_2 稳定性差的问题。

3.2 CNNA-OTiO_2 复合材料光催化还原 CO_2 性能的研究

通过在表面上吸附过氧化氢来增强 TiO_2 对可见光吸收，形成的黄色的过氧基团 (Ti—O—O) 物种，可以提高光催化效率。本研究提出了一种简便，经济的合成方法，以获得含有过氧基团的 TiO_2，其具有增强的可见光灵敏度，并且不需要高温煅烧等优点。

$g-C_3N_4$，化学稳定性较好，无毒，具有窄带光学结构和可调控的电子结构。这些优点令其成为太阳能到化学能转换过程中很有前景的光催化剂。但是，纯 $g-C_3N_4$ 固有的低量子效率，比表面积小以及电子-空穴对复合率高等限制了其光催化活性。需要进行改性才能获得较好的催化效果。

半导体中的空位缺陷在改善电子结构和增加反应物分子的特定反应位点中能够起重要作用，可提高半导体光催化剂的活性。结构缺陷可以作为光诱导载流子的捕获位点，抑制光生电子和空穴的复合，从而提高整体量子效率。预计在 $g-C_3N_4$ 中引入氮空位制备 CNNA 催化剂是优化光催化活性的有效策略。本部分探讨了 CNNA-OTiO_2 复合材料的制备过程并将其用于测试光催化还原二氧化碳，并研究了相应机理。

3.2.1 实验方法

CNNA 的制备：将三聚氰胺(0.06mol)分散在 50mL 去离子水中并在 65℃下搅拌下加热 1h。然后，将 0.05mol 的硝酸(65.0%wt)加入上述溶液中直至获得白色固体沉淀并将温度升至 100℃以完全蒸发掉水分，之后研磨成细粉并在 N_2 条件下 550℃退火 3h，升温速率为 5℃/min。冷却至室温后，继续研磨获得产物，所制备的有氮空位的 g-C_3N_4 催化剂表示为 CNNA。同时，在与 CNNA 的合成条件相同的条件下(但是不添加硝酸)制备纯 g-C_3N_4 纳米片。

CNNA-$OTiO_2$ 的制备：将 3mL TBOT 加入 100mL 去离子水中，搅拌 30 分钟，得到白色沉淀，用去离子水反复洗涤沉淀，然后将其在 80℃的烘箱中干燥。取 0.7g 沉淀物/与 50mL 冷水(5℃)混合。在搅拌 1h 后，向该混合物中滴加 10mL H_2O_2，得到过氧钛酸盐。再加入 0.07g 上述制备好的 CNNA，将混合溶液加热至 50℃并保持 2h 形成黄色凝胶。将凝胶老化 1d，干燥后在马弗炉中以 10℃/min 的加热速率于 300℃下处理 3h，或的产物记为 CNNA(10%)-$OTiO_2$。

3.2.2 表征分析

从 XRD 谱图中可以获得有关样品关于晶体类型、结构以及化学组成等方面的信息。如图 3-2(a)所示，是 O_2-TiO_2、CNNA-$OTiO_2$ 的 XRD 谱图。可以看出，除了位于 2θ 值为 25.3°对应于锐钛矿相的弱峰之外，没有观察到其余明显特征峰。可以得出结论，除了少量的锐钛矿之外，材料主要是无定形二氧化钛。据报道，除具有大表面积和特殊微观结构的一些样品，无定形 TiO_2 几乎无活性。图 3-2(b)为 CNNA、g-C_3N_4 的 XRD 谱图。

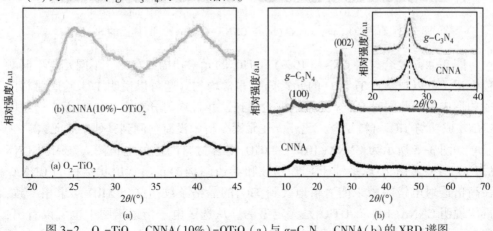

图 3-2 O_2-TiO_2，CNNA(10%)-$OTiO_2$(a)与 g-C_3N_4，CNNA(b)的 XRD 谱图

从中可以看出 g-C_3N_4 和 CNNA 催化剂具有相似的结构,在 2θ 值约为 13.3° 和 27.5°时有两个明显的衍射峰,分别对应于(100)晶面和(002)晶面。与 g-C_3N_4 相比,CNNA 在(002)晶面处的衍射峰位置逐渐向较高角度移动,表明 g-C_3N_4 骨架的某种晶格发生了变化,层间堆积略有减少。因此,硝酸预处理的三聚氰胺的直接缩合会导致晶格氮的部分损失,使得 g-C_3N_4 层间堆叠之间的距离减小。

图 3-3(a)为 O_2-TiO_2 的 SEM 图,可以从中看到 O_2-TiO_2 呈球形颗粒状,表面光滑,粒径大约为 5~10nm。如图 3-3(b)所示,从 CNNA 的 SEM 图可以看到 CNNA 呈片状结构,表面光滑。而复合材料 CNNA(10%)-OTiO$_2$ 的扫描图像如图 3-3(c、d)所示:O_2-TiO_2 颗粒与 CNNA 附着在一起,且与 CNNA 比较,发现层间堆积密度略有增加。进一步说明,复合材料的成功制备。

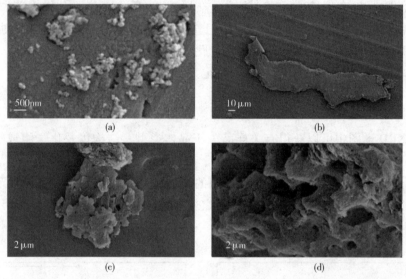

图 3-3　O_2-TiO_2(a),CNNA(b)与 CNNA-OTiO$_2$(c,d)样品的 SEM 图

图 3-4 是复合材料 CNNA(10%)-OTiO$_2$ 的元素扫描分布图。不同元素不同颜色标记。可以观察到 Ti 与 O 的元素分布非常均匀,这可以说明 TiO$_2$ 基底材料已成功形成。与此同时 C,N 元素也被检测到,并且均匀分布在 TiO$_2$ 表面,这说明 CNNA 成功与 TiO$_2$ 材料复合,此外,在元素分析中没有检测到其他杂质元素。

如图 3-5 所示为 CNNA(10%)-OTiO$_2$ 复合材料的透射电镜图。在引入 CNN 后,O_2-TiO_2 纳米小球平铺于具有起皱和卷边结构的石墨状层状结构的 CNNA。在高倍透射电镜图中未能清晰地找到 TiO$_2$ 的晶格条纹,这与 XRD 结果相一致,再次说明 CNNA(10%)-OTiO$_2$ 是无定型的。从选区电子衍射谱图中也可以看出,存在无定形纳米颗粒的弥散衍射环。

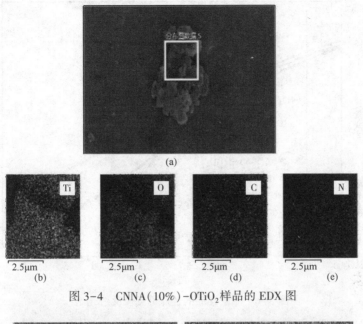

图 3-4　CNNA(10%)-OTiO$_2$样品的 EDX 图

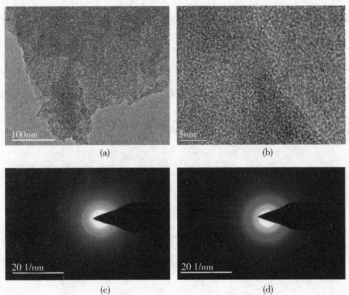

图 3-5　CNNA(10%)-OTiO$_2$样品的 TEM 图

图 3-6 所示为所制备样品的 UV-vis 光谱。在经过 H$_2$O$_2$ 处理后可以看出，光学吸收边缘出现了明显的红移。这通常归因于过氧化氢分子可以吸附在 TiO$_2$ 表面形成表面过氧配合物(Ti—O—O 基团)。随着 CNNA 的引入，复合样品 CNNA(10%)-OTiO$_2$的吸收边红移的最明显。毫无疑问，CNNA 的引入显著改变了复合材料的光捕获能力，有利于产生光催化反应所需的更多活性位点，进一步提高了光催化性能。

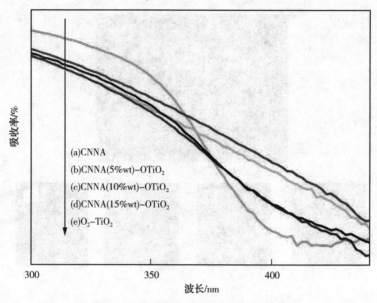

图 3-6　不同样品的紫外可见漫反射光谱

图 3-7 给出了 O_2-TiO_2、CNNA、CNNA(10%)-$OTiO_2$ 的 FTIR 光谱。Ti—O—O 和 O—O 键的吸收峰分别在 688 和 912 cm^{-1} 处被标记,这主要是由于 H_2O_2 处理二氧化钛所造成的。对于 P25 和锐钛矿没有观察到代表 O_2-TiO_2 形成的这种峰。P25 和锐钛矿均仅表现出 Ti—O—Ti 和 Ti—O 伸缩振动模式,因为它们的主峰在 500~800 cm^{-1} 范围内。

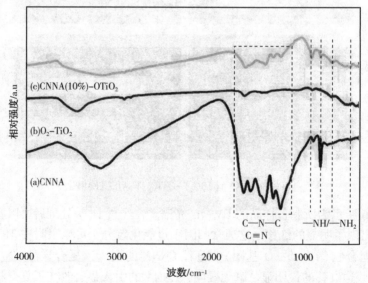

图 3-7　样品 CNNA、O_2-TiO_2 与 CNNA-$OTiO_2$ 的 FT-IR 光谱

通过 FTIR 光谱进一步分析 CNNA 样品的化学结构，CNNA 和 g-C_3N_4 样品均显示出石墨氮化碳的典型特征峰，说明在用硝酸预处理前体三聚氰胺之后，仍然保留了 g-C_3N_4 的基本原子结构。在 810cm^{-1} 为中心的尖锐吸收带，表明存在具有 NH/NH_2 基团。FTIR 光谱证实了 CNNA(10%)-OTiO_2 光催化剂的成功制备。

3.2.3 催化性能

1. 光催化性能测试

为了探究 Ti—O—O，CNNA 在复合材料 CNNA-OTiO_2 中的作用，我们对制备的样品分别进行了瞬时光电流(I-t)和电化学阻抗(EIS)的测试。如图 3-8 所示，在瞬时光电流谱中，CNNA-OTiO_2 催化剂的瞬态光电流密度高于 O_2-TiO_2 和 CNNA 催化剂，因此分离电子和空穴的能力更强。

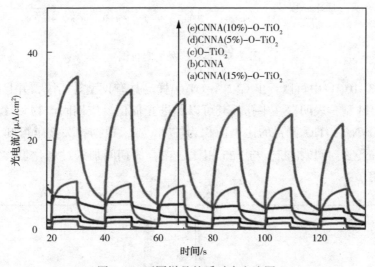

图 3-8 不同样品的瞬时光电流图

从阻抗图 3-9 中可以看出所有材料具有相似的半圆弧，且只有一个半圆弧，表明表面电荷转移参与光催化反应。根据电化学理论，EIS 图谱中圆弧半径越小，表明电极表面电荷迁移速率越快。

因此，CNNA-OTiO_2 复合材料较小的半圆弧表明其具有较强的光生载流子分离效率。根据测试结果可以推测：TiO_2 受光照激发，产生光生载流子，然而它们易发生复合。因此添加外部电子受体如过氧化氢制备 O_2-TiO_2 催化剂可提高光催化性能，因为减少了电荷载体的复合。而在 CNNA-OTiO_2 复合材料中引入了具有良好吸附性的 CNNA，使得光生电子转移到 TiO_2 上，从而使光生电子-空穴对分离，再次减小了复合的概率。

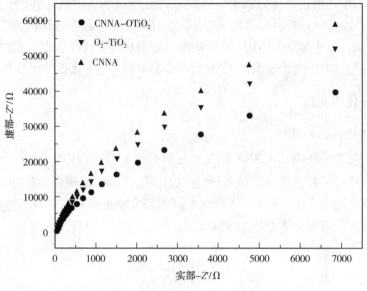

图 3-9 不同样品的阻抗图

从图 3-10(a)中可以看出 CNNA-OTiO$_2$ 样品具有Ⅳ型等温线,并且磁滞回线的形状是 H3 型,表明存在中孔,其可以促进光催化反应期间产物和反应物的快速扩散。CNNA-OTiO$_2$ 测得的比表面积为 178m^2/g,根据相关文献可知 P25 比表面积为 50m^2/g,可以推断,与 P25 相比,在合成期间加入过氧化氢增加了材料的比表面积。

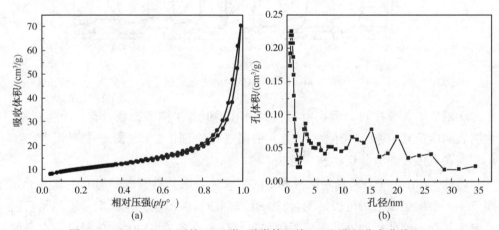

图 3-10 CNNA-OTiO$_2$ 的 N$_2$ 吸附-脱附等温线(a)和孔径分布曲线(b)

较大的比表面积表明样品具有更多的反应性位点,这有利于光催化反应。由图 3-10(b)可知 CNNA-OTiO$_2$ 的孔径为约 6.34nm,证实了中孔的形成。当光催化剂具有较小的孔径和较大的比表面积时,光生电荷移动到表面活性反应位点的距离缩短,抑制电子-空穴对的复合。

2. 光催化活性测试

1)不同样品对催化还原性能的影响

如图3-11所示,为不同催化剂的催化性能图。与P25相比,O_2-TiO_2作为催化剂时,CO的产量增大,达到了9.7μmol/g,这可归因于添加外部电子受体如过氧化氢可以减少了电荷载体的重组,从而提高光催化性能。与g-C_3N_4相比,CNNA的催化活性也有提高,这可归因于CNNA中的空位缺陷在改善电子结构和增加反应物分子的特定反应位点中起重要作用,并因此提高半导体光催化剂的催化活性。结构缺陷还可以作为光诱导载流子的捕获位点,抑制光生电子和空穴的复合,从而提高整体量子效率。同时,当CNNA空位缺陷出现时,可以随后产生通常被认为是与导带或价带重叠的中间间隙状态,其可以作为光生电子空穴激发的活跃中心并延长光学响应。由此可以看出在混合物CNNA-$OTiO_2$中过氧基团和空位缺陷都可作为电子捕获剂,抑制光生电子和空穴的复合,提高光催化反应效率。

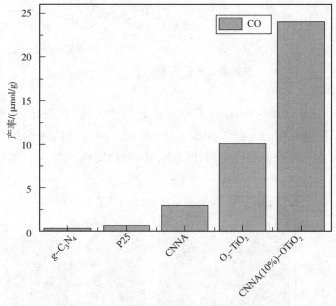

图3-11 不同样品的光催化性能(光照1h)

2)不同比例CNNA-$OTiO_2$对催化还原性能的影响

以不同负载量CNNA(wt%)-$OTiO_2$复合材料为光催化剂,催化还原二氧化碳反应。在可见光作用下反应1h,其催化性能结果如图3-12所示。当CNNA含量逐渐增加时,还原产物一氧化碳的产生速率也在明显增加;然而,当CNNA的质量分数高于10%时,还原产物一氧化碳产生速率开始降低。当CNNA的含量为

10%wt 时,CNNA-OTiO$_2$ 复合光催化剂表现出最高的催化活性,一氧化碳的产生速率达到了 23.2μmol/g,而 CNNA(10%)-P25 作为光催化剂,光照时间为 1h 时,其一氧化碳的产生速率分别仅有 7.2μmol/g。由此可以得出,过氧基团与 CNNA 对 TiO$_2$ 光催化性能的提高有重要的影响。

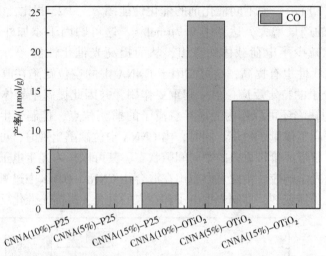

图 3-12　不同比例的 CNNA(wt%)-OTiO$_2$,CNNA(wt%)-P25 催化剂光催化还原性能(光照 1h)

3)循环性测试

为了评价 CNNA(10%)-OTiO$_2$ 催化剂的稳定性,我们在相同实验条件下,做了连续的循环性测试实验。结果如图 3-13 所示,在连续四次的循环实验中,一氧化碳的产生速率降低的幅度相对比较小,证明稳定性较好。

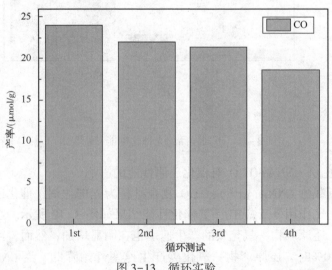

图 3-13　循环实验

3.2.4 机理分析

如图 3-14 所示,电荷载体的有效分离可能在 CNNA(10%)-OTiO$_2$ 纳米复合材料的光催化还原 CO_2 中起关键作用。光催化剂的电子结构决定了材料是否对特定反应具有活性,电子从具有较高 CB 边缘的半导体(CNNA)迁移到具有较低 CB 边缘(O$_2$-TiO$_2$)。此外,光生空穴从低 VB 边缘的 O$_2$-TiO$_2$ 转移到的高 VB 边缘的 CNNA,从而使得 O$_2$-TiO$_2$ 半导体上的积聚的电子可以参加还原反应,而 CNNA 中积累的空穴参与了氧化反应。因此,电子和空穴在空间上得到了分离,有效地抑制电荷复合。氮空位的引入和过氧基团的引入会导致 g-C$_3$N$_4$ 和 TiO$_2$ 的带隙变窄,增强了光的吸收。同时,较高的比表面积也能产生更多的反应活性位点,这有利于光催化还原二氧化碳性能的提高。

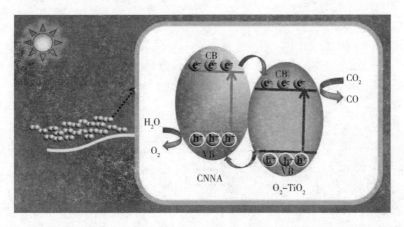

图 3-14 在可见光作用下复合材料 CNNA-OTiO$_2$ 光催化还原 CO_2 的可能性机理

3.3 小结

(1) 首先我们合成了 CNNA,之后引入双氧水来合成 CNNA-OTiO$_2$ 无定型纳米材料,为了做对比,同时合成了一系列 CNNA-P25 复合材料,CNNA 与 OTiO$_2$ 质量比分别为 5%、10%、15%。

(2) 所制备的 CNNA-OTiO$_2$ 复合光催化剂利用 XRD、SEM、TEM、DRS、I-t、EIS 等手段进行表征,结果表明复合材料成功制备。

(3) 对一系列复合材料进行了光催化二氧化碳还原的性能测试,结果表明,所得到的 CNNA-OTiO$_2$ 纳米复合材料,在可见光照射下对二氧化碳催化还原具有很强的活性，当采用CNNA(10%)-OTiO$_2$作为光催化剂时，可见光照射下CO的产量可以达到23.2μmol/g，是P25的20倍。

（4）结合所有表征结果和光催化性能测试进行分析，提出了可能的光催化还原二氧化碳的反应机理，这主要是归因于过氧基团和氮空位之间产生的协同效应。

4　2D-2D SnS_2/TiO_2 复合材料的光催化 CO_2 还原探究

影响复合材料光催化性能的因素主要有以下几方面：晶体结构、能带结构、晶体尺寸等。其中，光催化剂的粒径尺寸与比表面积的大小密切相关，颗粒越小，比表面积越大。在光催化反应中，比表面积直接决定了光催化材料氧化还原反应位点的数量。光催化反应发生在材料表面的反应位点上，在光催化剂表面反应位点密度恒定的情况下，颗粒越小，比表面积越大，催化反应的场所就越大，光催化性能也会更高。因此，在制备材料时，应尽可能地对 TiO_2 材料进行形貌调控，将颗粒粒径减小到量子尺寸，表现出量子尺寸效应，这样能使电子空穴分离，增强光催化剂的氧化还原能力，进而提高光催化活性。

4.1　形貌调控对于 TiO_2 基光催化剂的影响

与结晶度较差的普通球形 TiO_2 细颗粒相比，结晶良好的多面 TiO_2 纳米颗粒光催化性能显著提高。因此，人们一直在控制 TiO_2 纳米颗粒的暴露结晶面，以改善其光催化活性。而且，纳米粒子的组合方式不同，会导致分子形貌各异，从而影响光催化反应的活性。通常，配位不饱和的表面原子被认为是非均相催化中的活性中心。然而，多个活性位点(例如低折射率刻面，边缘位点和拐角位点)的共存，使得纳米颗粒的选择性难以调节。得益于纳米原子的厚度，二维超薄纳米片具有许多优势，高比表面积和不饱和表面的原子作用使其具有高 CO_2 吸附能力，显著增强了固有电子的电导率，并增加了更多的离域电子；结构特异，使反应能够通过特定反应中间体进行，从而减少 CO_2 还原的反应障碍；特定的暴露面，使得 CO_2 还原的活性位点更加丰富。另外，界面接触面积在加强半导体光催化剂和助催化剂的界面耦合方面起着重要作用。独特的 2D-2D 层状半导体-助催化剂异质结具有更大的界面接触面以及强烈的物理和电子耦合效应，可以提供足够电子的通道，以实现更高效的界面电荷转移、分离和捕获，从而提高整体光活性。更重要的是，原子级二维材料的局部原子和电子结构在原子水平上可以通过不同的表面改性成功制得，例如表面分子官能化、表面杂原子结合、缺陷工程等。这些因素使得原子级薄的 2D 材料成为良好的反应模型。

Liang 等构建的 2D-1D TiO_2 纳米片-碳纳米管和 2D-2D TiO_2 纳米片-石墨烯，都具有低缺陷密度的纳米碳异质结。其中，2D-2D TiO_2 纳米片-石墨烯在紫外灯照射下具有更大的 CO_2 光还原活性。因为它们具有优异的界面电子耦合，与 0D/2D 和 1D/2D 复合材料相比，2D-2D TiO_2 纳米片-石墨烯材料具有更加紧密和更大界面接触的 2D/2D 异质结，可以更好地改善结构稳定性。并且，石墨烯和半导体之间接触面积的增加，更有利于电荷分离，从而使电荷从 TiO_2 纳米片更好地转移到 RGO 材料上，显著提高了光还原 CO_2 的活性。

在另一个例子中，Zou 等使用聚合物珠粒作为牺牲模板，通过层到层组装(LBL)策略合成了 G-$Ti_{0.91}O_2$ 空心球，所得的 G-$Ti_{0.91}O_2$ 空心球由 RGO 纳米片和 $Ti_{0.91}O_2$ 纳米片结合产生，通过 CO_2 与气态 H_2O 之间的光催化还原，将可再生燃料(CO 和 CH_4)的总生成率提高—超过空白的 $Ti_{0.91}O_2$ 空心球五倍和商用 P25 九倍。G-$Ti_{0.91}O_2$ 空心球的 CO_2 还原光活性增强归因于多种因素的协同作用。其中，分层空心结构中可吸收光的吸收和散射使得 CO_2 更迅速地吸附/活化，超薄 $Ti_{0.91}O_2$ 纳米片和 2D/2D 分层堆叠异质结光电子能够更加快速地进行空间分离和传输，使得光还原反应迅速进行，从而大大提高了可再生燃料的总生成率。

4.2 异质结的主要类型简介

迁移的路径及方向至关重要，能够达到光催化活性增强和 CO_2 的选择性提高的目的。异质结是两个具有不同带结构半导体之间的界面。由两种或更多种材料组成的异质结构可以通过对这些材料中波函数工程来优化电荷分离和光催化性能。

通常，两种不同半导体之间形成的异质结结构可有效改善半导体的光催化性能。常用于 CO_2 还原的异质结有以下几种：Ⅱ型异质结，p-n 异质结和 Z 型光催化体系。异质结构(Ⅱ型)通过将位置较高的 CB 中的光激发电子转移到较低的 CB 上，将位置较低的 VB 中的空穴转移到较高 VB 中，来促进电子-空穴对的空间分离。Ⅱ型异质结的内部电场有利于光生空穴和电子的分离，光诱导的 e^--h^+ 对的空间分隔可以通过两个半导体之间的能带对准轻松实现。例如，纳米复合材料 CdS 和 TiO_2 的适当组合会产生Ⅱ型异质结构，可在液相或气相中将 H_2O 选择性地还原为甲醇和 CO。除 CdS/TiO_2 异质结外，还可以合理设计各种其他Ⅱ型异质结并应用于气相和液相体系 CO_2(例如混合相 TiO_2 纳米复合材料)的光还原。

然而，Ⅱ型异质结系统中的光生电子和空穴表现出较低的还原能力和氧化能力；而且该体系中 CO_2 的还原速度和氧气的释放量较低，电子-电子或空穴-空穴之间的静电排斥也限制了电荷载流子的有效分离。究其原因，CO_2 的光还原主要发生在具有较低 CB 边缘的半导体表面上，这使得这种类型的异质结 CO_2 还原能力较弱。因此，迫切需要制备除常规 II 型异质结以外的新型异质结构光催化体系，以克服这些问题。p-n 异质结光催化剂，能够通过内建电场来加速电子-空穴在异质结上的迁移，从而改善光催化性能。在光照射之前，靠近 p-n 界面的 n 型半导体上的多数载流子电子扩散到 p 型半导体中，留下带正电荷在 n 型半导体上；同时靠近 p-n 界面的 p 型半导体上的多数载流子空穴会扩散到 n 型半导体中，从而 p 型半导体上带负电。这种电子-空穴的扩散持续进行，直到达到系统的费米能级平衡，使靠近 p-n 界面的区域带电，从而形成"带电"空间或所谓的内建电场。当 p 型和 n 型半导体被入射能量等于或高于其带隙值的光照射时，p 型和 n 型半导体都可以被激发，从而产生电子-空穴对。在内建电场的影响下，p 型和 n 型半导体中的少数载流子（光生电子和空穴）将分别迁移到 n 型半导体的 CB 和 p 型半导体的 VB，从而导致电子-空穴对的空间分离。但是由于还原和氧化过程分别在具有较低还原和氧化电位的半导体上发生，因此牺牲了光催化剂的部分氧化还原能力。

为了解决这一问题，Z 型异质结应运而生。包括第一代（液相 Z 方案），第二代（全固态 Z 方案）和当前第三代（直接 Z 方案），不仅可以促进载流子的分离，提高效率，还可以优化半导体的光催化氧化还原电位。换句话说，对于 Z 方案系统，分离的空穴和电子被保留在更高的 CB 水平和更低的 VB 上，因此可实现更强的氧化还原能力和可调的选择性。Z 型异质结光催化体系可以克服单一组分或异质结光催化剂的缺点，同时可以实现长期的光稳定性、高电荷分离性效率、宽吸收范围和强氧化还原能力。液相 Z 方案的概念由 Bard 于 1979 年首次提出。然而，第一代 Z 方案光催化系统只能在液相中实现，并且具有明显的逆向反应。为了克服这些问题，Tada 等提出了解决方案，在 2006 年提出了第二代 Z 方案光催化体系，即全固态 Z 方案光催化剂。这种全固态 Z 方案光催化剂具有多种优势，在光催化领域具有极大的潜力，特别是在气相和固相中的光催化。已经成功地构建了基于 CdS/TiO_2 和适当的固体界面介体（如贵金属 Au、Pt 等）的全固态 Z 型光催化剂，用于选择性 CO_2 光还原为甲烷。除贵金属电子介体外，国内外研究者们还设计了各种间接的全固态 Z 方案光催化剂，包括 $Fe_2V_4O_{13}/RGO/CdS$、$CdS/RGO/TiO_2$、$Bi_2WO_6/Au/CdS$、$AgBr/Ag/g-C_3N_4$ 等。而第三代直接 Z 型异质结则不需要中间的电子介质，下面就此以本实验室的工作加以说明。

$g-C_3N_4$、$NaTaO_3$、CdS、BiOCl 和 CeO_2 等材料被用作还原二氧化碳的光催化

剂。其中，由于TiO_2无毒，稳定性高，成本低和氧化还原电势高的优点，被认为是一种典型且广泛的光催化材料。然而，电荷快速复合这一缺点限制了其实际应用。为了促进电荷分离，必须建立有效的基于TiO_2的光催化剂策略。研究表明，具有(001)平面的二维TiO_2纳米片由于其独特的结构特征而具有比商业P25更高的光催化性能，从而为表面反应提供了大量的光催化反应活性位点。此外，共暴露(001)和(101)面的二维TiO_2纳米片具有比(001)面更高的光催化活性，这主要是其具有促进光生电荷空间分离到TiO_2纳米片上不同晶面的能力。除了调整晶面外，将促进剂负载在TiO_2表面上以形成异质结构来减少电子-空穴对的快速复合也是一种有益的方法。Zhang等通过水热修饰TiO_2的高能(101)面上的贵金属(Ag)来制备(0D-2D)光催化剂，以共暴露(001)和(101)面。然而，当贵金属用作光催化剂时，它们与TiO_2纳米片的接触边界面积小，成本高，限制了它们的进一步应用。另一方面，一维纳米材料在二维纳米片上的垂直排列几乎允许整个表面暴露，从而最大程度地提供了用于电子传输的边缘活性位。然而，准备独特的一维二维垂直结构仍然是一项挑战。因此，研究人员们致力于制备包含(001)面和(101)面共暴露而没有贵金属助催化剂电荷的TiO_2复合光催化剂。这种复合型催化剂具有接触面积大、光生电子和空穴迁移到表面反应部位的距离变短等优点，可以有效抑制电子-空穴的快速复合，提高光催化性能。

SnS_2纳米片是二维材料中的后起之秀。它是窄带隙半导体(2.48eV)，已经对其在光催化中的潜在应用进行了深入研究。本研究采用水热法制备了2D-2D SnS_2/TiO_2复合光催化剂。共暴露的高能(001)和低能(101)面2D TiO_2纳米片被用作光收集半导体，而2D SnS_2纳米片则用作助催化剂。这种设计增加了界面之间的接触面积，促进了电子和空穴的分离。实验结果表明，当使用2D-2D SnS_2/TiO_2作为光催化剂，用300W氙灯照射1h时，CH_4的产率较高。最高达23μmol/g，与在P25上获得的收率相比有了很大提高。此外，推测了在2D-2D SnS_2/TiO_2上光催化还原CO_2的机理。

4.3 2D-2D SnS_2/TiO_2复合材料的光催化CO_2还原

4.3.1 材料制备

TiO_2纳米片：按照类似于邹报道的方法制备样品。在典型方法中，将$Ti(OBu)_4$添加到特氟龙高压釜中，然后缓慢添加0.8mL氢氟酸溶液形成混合溶液，将其加热到200℃保持24h。然后将反应体系自然冷却至室温后洗涤，形成灰白色粉末。

分离产物，分别用乙醇和去离子水洗涤三次，然后80℃真空干燥8h。

2D-2D SnS_2/TiO_2复合材料的制备：以$SnCl_4 \cdot 5H_2O$和L-半胱氨酸为前驱体，采用水热法在TiO_2纳米片上负载超薄SnS_2纳米片。SnS_2与TiO_2的质量比为2.0%、3.5%、5.0%和6.5%。对于$SnS_2(5\%)/TiO_2$样品，将750mg制备的TiO_2纳米片分散在40mL去离子水中，然后向溶液中加入67mg $SnCl_4 \cdot 5H_2O$并搅拌15min，加入46mg L-半胱氨酸，搅拌15min。最后，将混合溶液转移到Teflon衬里的不锈钢高压釜中并加热至140℃保持12小时。通过离心收集灰白色产物，分别用无水乙醇和去离子水洗涤三次，并在80℃下真空干燥8h。通过改变$SnCl_4 \cdot 5H_2O$和L-半胱氨酸的用量，合成了不同比例的SnS_2/TiO_2光催化剂。为了进行比较，使用相同的步骤制备$SnS_2/P25$光催化剂。

4.3.2 2D-2D SnS_2/TiO_2复合材料的表征

X-射线衍射图是在具有CuKα辐射（40kV×20mA）的Bragg-Brentano Rigaku D/MAX-2200/PCX衍射仪上获得的。通过JSM-6701F SEM和JEOL-2010 TEM测量光催化剂的微晶结构和表面特性。使用配备有积分球的紫外可见分光光度计（PuXin TU-1901）获得紫外可见漫反射光谱（DRS）。使用荧光光谱仪（PE，LS-55）在300nm下测量样品的PL光谱。在TriStar 3020系统上测量氮吸附-解吸等温线和BET表面积。在测试之前，将催化剂在高真空下于473K下脱气4h。XPS光谱是在PHI5702光谱仪上获得的。在含有0.5mol/L Na_2SO_4的水溶液中分别进行光电流和EIS测量。分别选择铂电极和Ag/AgCl电极分别作为对电极和参比电极。将总计10μL的Nafion溶液滴加到FTO玻璃上，在其上滴加乙醇（2mL）和制得的催化剂（10mg）的均匀分散液，制成工作电极。PEC测试选择的偏置电压为0.6V Vs. Ag/AgCl。照明面积约为$1.0cm^{-2}$，并且在PEC测试期间对工作电极进行了背光照明。

1. XRD分析

纯TiO_2纳米片和2D-2D $SnS_2(5\%)/TiO_2$的XRD测试结果如图4-1(a)所示。2D-2D $SnS_2(5\%)/TiO_2$样品显示出与TiO_2纳米片相似的特征峰。发现2θ值为25.3°、37.8°、48.1°、53.9°、55.1°、62.7°、70.3°和75.1°的峰可以分别指向(101)、(004)、(200)、(105)、(211)、(204)、(220)和(215)晶面，对应于纯四方锐钛矿相（JCPDS，No. 21-1272）。P25、$SnS_2/P25$的XRD图如图4-1(b)所示，除锐钛矿相外，当2θ值为27.4°、36.0°、41.3°、69.0°和69.9°时（图中虚线标记）分别对应于金红石相（JCPDS，No. 72-1148）的(110)、(101)、(111)、(301)和(112)晶面。从图4-1(c)的XRD光谱可以看出，所有峰都对应

于 SnS_2(JCPDS,No.23-0677)。催化剂的晶粒尺寸可以根据 Scherrer 公式计算。有趣的是,发现 2D-2D SnS_2(5%)/TiO_2 样品的平均微晶尺寸接近 TiO_2 纳米片的平均微晶尺寸(约 34nm)。上述结果表明,少量 SnS_2 的负载不会改变 TiO_2 的晶体结构和晶粒尺寸。复合材料图谱中没有明显的 SnS_2 特征峰可归因于 SnS_2 的负载量较少。

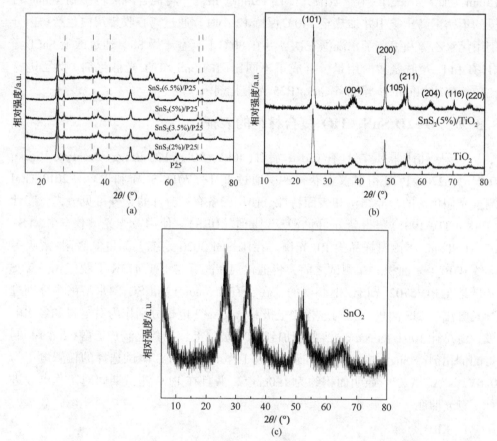

图 4-1 TiO_2 纳米片与 SnS_2/TiO_2 复合材料(a),P25 与 SnS_2/P25 复合材料(b)与 SnS_2(c)的 XRD 谱图

表 4-1 样品的平均粒径

样品	平均粒径/nm	样品	平均粒径/nm
P25	13	TiO_2 nanosheets	34
SnS_2(5%)/P25	14	2D-2D SnS_2(5%)/TiO_2	33

2. SEM 分析

SEM 进一步证明了复合材料的形成,表 4-1 列出了各种样品测量得到的平

均粒径。图 4-2a 显示了 TiO$_2$ 的典型矩形纳米片结构，在合成二氧化钛的过程中加入 HF，HF 可调控样品的形貌并促进(001)晶面的生长。纳米片的平均长度为 30~70nm，厚度为 5~10nm。图 4-2b 显示了 SnS$_2$/TiO$_2$ 纳米复合材料的 SEM 图像，其表现出与纯 TiO$_2$ 类似的纳米片结构。随着 SnS$_2$ 负载量的增加，观察到了一些纳米颗粒的聚集，导致 SnS$_2$(5%)/TiO$_2$ 复合物的表面粗糙不均匀。这可归因于在合成 SnS$_2$ 纳米颗粒期间 TiO$_2$ 形态稍微改变。单独合成的 SnS$_2$ 表现出纳米片聚集的形态，具有约 100nm 的尺寸(图 4-2c)。元素 EDX(图 4-2d~i)证明了整个 TiO$_2$ 纳米片中 SnS$_2$ 的分布相对均匀。图 4-2i 显示了该复合材料的元素含量，进一步表明 SnS$_2$ 的负载量约等于 5%。SnS$_2$/P25 的微观结构与 2D-2D SnS$_2$/TiO$_2$ 复合材料的微观结构不同，后者在 SnS$_2$ 纳米片和 TiO$_2$ 纳米片之间具有较大的接触面积。

图 4-2　TiO$_2$ 纳米片的 SEM 图片(a)，2D-2DSnS$_2$(5%)/TiO$_2$(b)，2DSnS$_2$ 样品(c)和 2D-2DSnS$_2$(5%)/TiO$_2$(d~i)的 EDS 样本

3. TEM 分析

TEM 用于表征样品的形态和微观结构，可观察到具有矩形轮廓的 TiO_2 的均匀纳米片形态。从图4-3a 中观察到具有矩形轮廓的 TiO_2 均匀纳米片。大多数 TiO_2 纳米片平放在 TEM 网格上，而少部分纳米片垂直放置在 TEM 网格上。从图4-3b、c 可见，TiO_2 纳米片的顶部和底部晶格条纹的间距为 0.235nm，对应于锐钛矿 TiO_2 的 (001) 晶面。此外，发现 0.35nm 的晶格间距对应于锐钛矿 TiO_2 的 (101) 晶面。从图4-3e、f 中发现 SnS_2/TiO_2 和 TiO_2 纳米片表现出类似的结构。我们发现 0.59nm 的晶格条纹，对应于 SnS_2 的 (001) 面。SnS_2 和 TiO_2 之间的紧密接触是清晰可辨的，表明片状 SnS_2 材料成功负载在 TiO_2 纳米片的表面上，完美地接触形成了新颖的 2D-2D 结构。

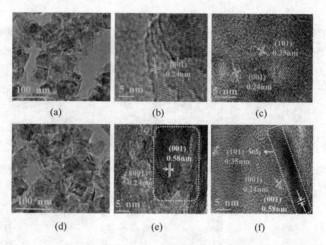

图 4-3 TiO_2 纳米片样品 (a~c) 和 $SnS_2(5\%)/TiO_2$ 样品 (d~f) 的 TEM 图

4. XPS 分析

图 4-4 是复合材料 $SnS_2(5\%)/TiO_2$ 的 X-射线电子能谱图。从图 4-4(a) 中可以看出在 464.8eV 和 458.8eV 处出现两个峰对应于 Ti 2p 1/2 和 Ti 2p 3/2，证实钛是以 Ti^{4+} 存在的。图 4-4(b) 是样品 $SnS_2(5\%)/TiO_2$ 中 O 1s 的高分辨率光谱。529.32eV 和 531.82eV 处的峰对应于晶格氧 (Ti-O) 和表面羟基 (OH-Ti)。样品 $SnS_2(5\%)/TiO_2$ 的 Sn 3d 高分辨率光谱显示在图 4-4(c) 中，它在 486.8 和 495.3eV 处显示出两个峰，分别对应于 Sn 3d 5/2 和 Sn 3d 3/2，证实 Sn 元素主要以 Sn^{4+} 的形式存在于复合物中。在图 4-4(d) 中，161.3 和 162.4eV 处存在两个峰，这两个峰与 S 2p 3/2 和 S 2p 1/2 的结合能一致，证明硫元素主要以 S^{2-} 的形式存在。

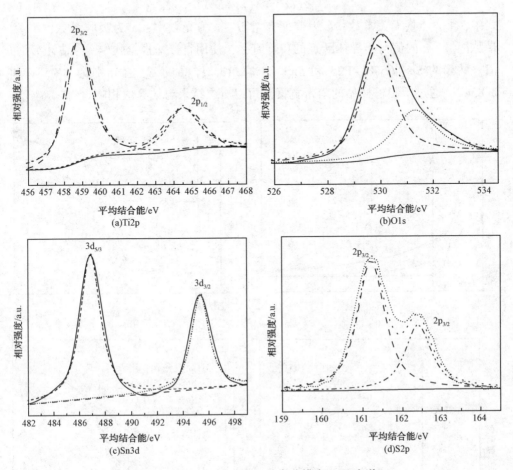

图 4-4 SnS$_2$(5%)/TiO$_2$的高分辨率 XPS 光谱

5. UV-Vis DRS 分析

DRS 可以描述样品的光吸收特性。商用 P25 在 380nm 处表现出特征吸收边缘，这归因于其固有的 3.2eV 的带隙[图 4-5(a)]。SnS$_2$/P25 样品的吸收波长范围从 380nm 红移到 420nm。图 4-5(c) 显示了制备的 TiO$_2$ 纳米片、纯 SnS$_2$ 和 SnS$_2$/TiO$_2$的 DRS。TiO$_2$纳米片在 405nm 处的吸收边增加，与 P25 相比，最大吸收边增加。这归因于 TiO$_2$纳米片的特殊微观结构，这增加了光的接触面积。纯 SnS$_2$纳米片具有较宽的光吸收范围，相应的带隙约为 2.48eV。2D-2D SnS$_2$/TiO$_2$ 纳米片表现出 SnS$_2$ 和 TiO$_2$ 纳米片的混合吸收特性。另外，当 SnS$_2$纳米片的负载量为 5%时，SnS$_2$纳米片的吸收边缘变化最明显。可以使用 Tauc 式(4-1) 估计 E_g 值：

$$\alpha(h\nu) = A(h\nu - E_g)^{\frac{n}{2}} \quad (4-1)$$

式中，A 为能量无关常数；h 为普朗克常数；ν 为光频率；α 为吸收系数；E_g 为带隙能量。n 的值与半导体跃迁的特性有关，使用直接法根据式(4-1)估计 E_g 的值。估算的 $SnS_2(5\%)/P25$ 和 $SnS_2(5\%)/TiO_2$ 样品的 E_g 值分别为 2.95eV 和 2.85eV，通过所制备样品的禁带宽度图可以看出结果与估算值相吻合。

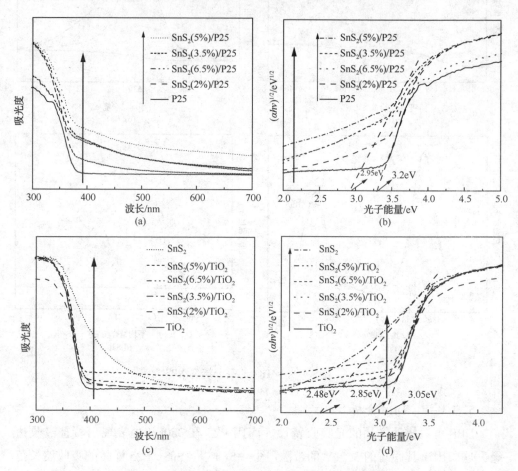

图 4-5 样品的紫外漫反射图(a, c)和禁带宽度图(b, d)

6. 能带位置分析

Mott-schottky 曲线用于估算能带位置(E_{CB} 和 E_{VB})。如图 4-6(a)所示，TiO_2 和 SnS_2 都是具有正斜率的 n 型半导体。SnS_2/TiO_2(n-n 型)异质结的界面相互作用可以抑制电子-空穴对的重组。当平带电势更大时，还原功率变大。通过拟合曲线，TiO_2、$SnS_2(5\%)/TiO_2$ 和 SnS_2 的 Vfb 值分别为 -0.3、-0.5 和 -0.9〔使用

0.5M Na_2SO_4 作为电解质溶液且以饱和氢电极(NHE)作为参考]。半导体材料的平带电位(Vfb)和导带电位之间的差异可以忽略不计,即Vfb与E_{CB}的值近似相等。通过公式($E_{VB}=E_g+E_{CB}$)估算样品的价带位置,算出$SnS_2(5\%)/TiO_2$的E_{CB}和E_{VB}分别为-0.5eV和2.35eV。对于光催化还原CO_2,CB的边缘位置必须比CH_4/CO_2的还原电位(-0.24V vs. NHE)更负,VB的边缘位置必须比O_2/H_2O氧化电位(0.82V vs. NHE)更正。从图4-6(b)可以看出,2D-2D SnS_2/TiO_2复合材料促进了二氧化碳的光催化还原。

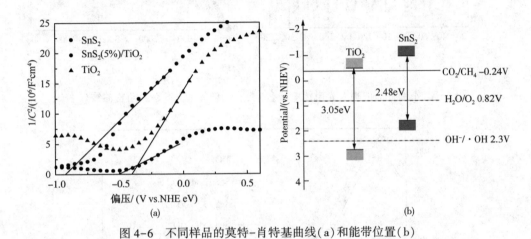

图4-6 不同样品的莫特-肖特基曲线(a)和能带位置(b)

7. 光电化学性质分析

半导体与助催化剂间的接触面积是决定光生载流子分离效率的重要因素。因此,瞬态光电流响应和阻抗图可用来对电荷分离性能进行测试。图4-7(a)为在300W氙灯照射下TiO_2裸电极和SnS_2/TiO_2复合电极的瞬态光电流密度响应。当SnS_2纳米片的含量增加时,光电流密度也呈增加趋势。其中,$SnS_2(5\%)/TiO_2$呈现出最高的光电流响应。

与其他样品相比,$SnS_2(5\%)/TiO_2$也显示出阻抗谱的最低圆弧半径[图4-7(b)]。最终结果表明2D-2D 纳米结构(SnS_2/TiO_2)由于其特殊的结构,利于光生电子空穴对的分离。得出结论:光捕获半导体和助催化剂之间的接触面积是决定光生电荷载体分离效率的重要因素。

8. PL分析

光致发光(PL)光谱也是评价光激发重组率的令人信服的指标。从图4-8可以看出,$SnS_2(5\%)/TiO_2$显示出最低的峰强度。说明2D-2D 纳米结构(SnS_2/TiO_2)的特殊的结构,可以增强光生电荷载体的分离。

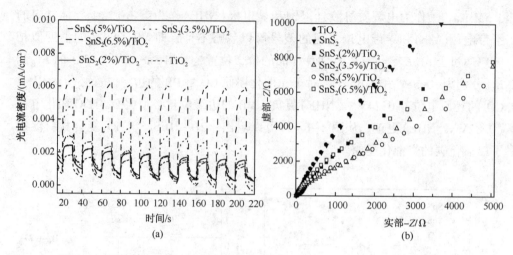

图 4-7 不同样品的瞬态光电流响应(a)与不同样品的 EIS 奈奎斯特曲线(b)

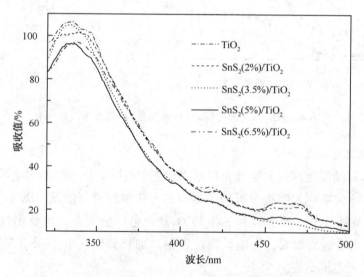

图 4-8 不同比例 SnS_2/TiO_2 的光致发光光谱

9. 氮气吸脱附曲线分析

从图 4-9(a)中可以看出 TiO_2 纳米片和 $SnS_2(5\%)/TiO_2$ 样品具有Ⅳ型等温线，并且磁滞回线的形状是 H3 型，表明存在中孔，其可以促进光催化反应期间产物和反应物的快速扩散。由 $SnS_2(5\%)/TiO_2$ 测得的比表面积为 99.6 m^2/g，高于 TiO_2 纳米片(96.9 m^2/g)。较大的比表面积表明 $SnS_2(5\%)/TiO_2$ 样品具有更多的反应活性位点，这促进了光催化反应的进行。由图 4-9(b)获得 TiO_2 纳米片的孔径约为 18.75nm，证实了中孔的形成。$SnS_2(5\%)/TiO_2$ 的平均孔径约为 3.13nm。研究表明,当光催化剂具有较小的孔径和较大的比表面积时,光生电荷移动到表面活性反应位点的距离缩短,这有利于抑制电子-空穴对的复合。

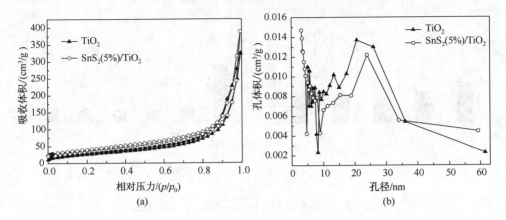

图 4-9　TiO_2 和 $SnS_2(5\%)/TiO_2$ 的 N_2 吸附-脱附等温线(a)和孔径分布曲线(b)

4.3.3　光催化还原二氧化碳活性测试

1. 不同样品对催化还原性能的影响

图 4-10 显示了一系列催化剂还原二氧化碳的性能。结果发现,在相同条件下,TiO_2 纳米片作为光催化剂产生的 CO 量为($9\mu mol/g$)是 P25 的 3 倍。在引入 SnS_2 助催化之后,发现 CH_4 为主要产物,因为 SnS_2 充当电子陷阱,提供足够的电子来减少 CO_2 并促进 CH_4 的产生。两类样品的 CH_4 产率在 SnS_2 含量为 5.0%wt 时达到最大值 $SnS_2(5\%)/TiO_2$ 为 $23\mu mol/g$,$SnS_2(5\%)/P25$ 为 $9.3\mu mol/g$)。SnS_2 对光催化反应产生显著影响表明了 SnS_2 在还原 CO_2 中起关键作用。反应的活性位点随着 TiO_2 和 SnS_2 之间的接触面增加而增加。随着 SnS_2 含量的进一步增加,光催化活性降低,但与纯二氧化钛作为光催化剂相比,活性仍然提高,表明过量的 SnS_2 对光催化活性具有负面影响。过量的 SnS_2 会形成复合中心并覆盖 TiO_2 表面的活性位点,从而降低光催化性能。当 SnS_2 单独作为光催化剂时,尽管 SnS_2 具有强烈的光吸收,由于光生电子的快速复合限制了光生电子的还原能力,使它在光催化还原 CO_2 中依旧没有活性。

2. 空白对照实验

为了验证光催化还原 CO_2 过程中不可或缺的因素,我们进行了一系列对照实验,如图 4-11 所示。发现在不存在光照或催化剂的情况下几乎检测不到甲烷和一氧化碳,这表明光照和有效的催化剂是二氧化碳还原的必要条件。

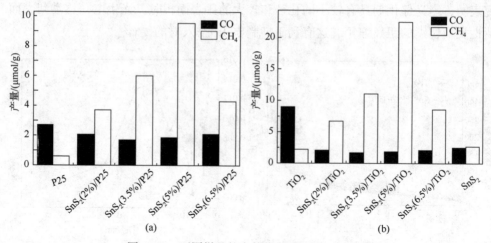

图 4-10 不同样品的光催化还原性能（光照 1h）

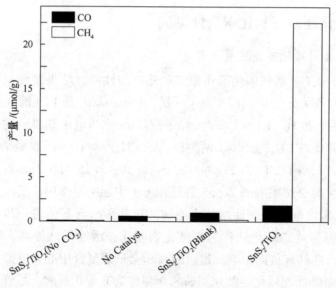

图 4-11 空白实验对照图

3. 循环性测试

为了验证光催化剂的稳定性，选择具有代表性的复合材料 $SnS_2(5\%)/TiO_2$ 进行四次连续的循环测试。在每次循环后，通过抽真空除去过量气体，测试结果如图 4-12(b) 所示。每次反应后甲烷产量的轻微下降表明催化剂具有良好的稳定性。循环后样品的 XRD 结果进一步证明了这一观点，如图 4-12(c) 所示。选择 $SnS_2(5\%)/P25$ 光催化剂作为对比，试验结果如图 4-12(a) 所示，发现在四个稳定性测试循环后,由于SnS_2材料的严重光腐蚀,甲烷产率大大降低。很明显,SnS_2/P25的微观结构不同于2D-2D SnS_2/TiO_2复合材料的微观结构(后者在SnS_2和TiO_2之间表现出较大的接触表面),导致两种复合材料的稳定性不同。

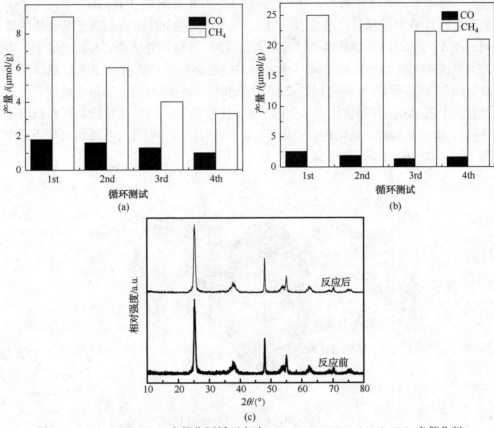

图4-12 SnS_2(5%)/P25光催化剂循环实验(a),2D-2D SnS_2(5%)/TiO_2光催化剂的循环实验(b)和回收前后的SnS_2(5%)/TiO_2样品(c)的XRD图谱

4.3.4 2D-2D SnS_2/TiO_2光催化剂的机理研究

如图4-13所示为2D-2D SnS_2/TiO_2光催化剂还原二氧化碳的可能的机制。其中,使用共暴露的低能(101)晶面和高能(001)晶面TiO_2纳米片作为光捕获半导体和2D SnS_2纳米片作为助催化剂。在300W氙灯的照射下,TiO_2纳米片被激活,并在价带中产生空穴(h^+),在导带中产生电子(e^-)。其中(001)晶面富含空穴,这是氧化反应的活性位点。(101)晶面富含电子,是还原反应的活性位点,电子和空穴对可以分离并分布到TiO_2纳米晶体的不同晶面。光催化活性显著增强。然而,光生电子-空穴对会在不负载助催化剂的情况下重新组合,当纯TiO_2

纳米片用作光催化剂时,甲烷产量较低。因此,我们将 SnS_2 纳米片沉积在共暴露(001)和(101)晶面的 2D TiO_2 纳米片表面上。TiO_2 和 SnS_2 的 CB 边缘分别为 $-0.32eV$ 和 $-0.91eV$,而 TiO_2 和 SnS_2 的 VB 边缘分别为 $3.05eV$ 和 $1.57eV$。电荷转移可以遵循 Z 方案转移模式,空穴保留在 TiO_2 VB 暴露的(001)晶面中,被 TiO_2 表面上的 H_2O 分子捕获以形成 H^+ 和 O_2,而 TiO_2 暴露的(101)晶面上的电子转移到 SnS_2 VB,SnS_2 VB 中的电子被激发到相应的 CB 位置并转移到 SnS_2 的表面。有趣的是,2D-2D 结构可以增加界面之间的接触面积,从而有利于光致载体的有效空间分离。当两种材料之间的接触面增加时,SnS_2 表面的电子密度也增强,这更有利于减少 CO_2 并形成需要 8 个电子的 CH_4。通常,光催化性能的提高归因于独特的 2D-2D 结构,该结构促进电子-空穴对的有效空间分离并增加氧化还原电位。该机制中的主要反应步骤如下:

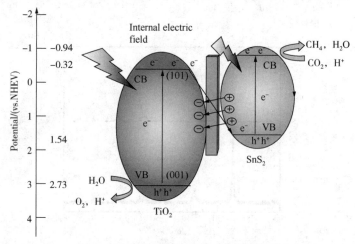

图 4-13 2D-2D SnS_2/TiO_2 催化机理图

$$SnS_2/TiO_2 \xrightarrow{h\nu} Sn_2(e^-, h^+)/TiO_2(e^-, h^+) \tag{4-2}$$

$$Sn_2(e^-, h^+)/TiO_2(e^-, h^+) \xrightarrow{Z-scheme} Sn_2(e^-) + TiO_2(h^+) \tag{4-3}$$

$$TiO_2(2h^+) + H_2O \longrightarrow TiO_2 + 2H^+ + 1/2O_2 \tag{4-4}$$

$$Sn_2(8e^-) + CO_2 + 8H^+ \longrightarrow SnS_2 + CH_4 + 2H_2O \tag{4-5}$$

4.4 小结

(1)本部分利用水热法合成了 2D-2D SnS_2/TiO_2 复合光催化剂。采用共暴露高能(001)和低能(101)晶面的二维 TiO_2 纳米片作为光捕获半导体,二维 SnS_2 纳米片作为助催化剂,为了做对比同时合成了一系列 SnS_2/P25 复合材料,SnS_2 与 TiO_2 质量比分别为 2%、3.5%、5%、6.5%。

(2) 所制备的 2D-2D SnS_2/TiO_2 复合光催化剂利用 PL、EDX、TEM、UV-vis DRS、SEM、XRD、EIS 等手段进行表征,结果证明复合材料中有 SnS_2,即复合材料被成功制备。

(3) 对一系列 2D-2D SnS_2/TiO_2 复合材料进行了光催化还原 CO_2 性能测试,发现 2D-2D SnS_2/TiO_2 复合材料在光催化还原 CO_2 至 CH_4 时具有较高的催化活性。合成的 2D-2D SnS_2(5%)/TiO_2 样品在 300W 氙灯照射后 1h 内的甲烷产率高达 23μmol/g,比 P25 高 20 倍。随后对复合材料 2D-2D SnS_2(5%)/TiO_2 光催化循环稳定性进行测试,发现在循环 4 次后其光催化还原活性没有明显降低,说明 2D-2D SnS_2(5%)/TiO_2 具有良好的光催化稳定性。

(4) 本文结合所有表征结果和光催化性能测试结果对光催化机理进行了讨论分析,并提出了最可能的光催化还原 CO_2 机理。复合电荷转移遵循 Z 方案转移模式。通常,增强的光活性主要是由于 SnS_2 和 TiO_2 之间的紧密接触界面,这可以有效增加光生电荷载流子的分离并增加氧化还原电位。

5 改性二氧化钛-天然高分子复合材料的光催化 CO_2 还原

天然高分子材料一般是指来源于自然界中的植物、动物和微生物等资源的生物大分子材料,主要包括淀粉、纤维素、木质素、壳聚糖、海藻酸、蛋白质等物质,是一类绿色的可再生资源。天然高分子材料具有良好的生物相容性、生物降解性和低毒性,可以被分解成水和二氧化碳等小分子物质,因此在包装、食品以及生物医用材料等领域均有着广阔的应用前景。与此同时,伴随着经济社会的发展和人类生产生活的需求,环境友好型的天然高分子材料引起了越来越多的科研工作者的研究兴趣,许多天然高分子材料通过物理或化学方法改性后,制备出综合性能更加优异的复合材料,使其有更加广泛的应用前景。

甲壳素是自然界中含量第二丰富的天然高分子,壳聚糖是甲壳素经过脱乙酰作用制得的一类天然高分子多糖,具有良好的成膜性、可生物降解和无毒抗菌等特点,已被广泛应用于食品、医药、化工等领域。

本部分以天然高分子材料中的壳聚糖为例,着重介绍了壳聚糖和改性二氧化钛复合材料的制备、分析表征以及光催化 CO_2 还原效果等方面。

5.1 壳聚糖

5.1.1 材料简介

壳聚糖(Chitosan, CS),又名 β-(1,4)-2-胺基-2-脱氧-D-葡萄糖,是一种将来源于虾、蟹等甲壳类动物的甲壳素通过脱乙酰作用制备得到的线性天然高分子材料。在自然界中,壳聚糖是唯一普遍存在的高分子碱性氨基多糖,壳聚糖可溶于低浓度的稀酸溶液,同时在其结构骨架上存在着大量的氨基(—NH_2)和羟基(—OH)基团,其结构式如图 5-1 所示。由于壳聚糖所具有特殊的理化性质,现已广泛地应用于食品、医药、工业等多个领域。

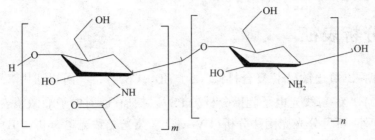

图 5-1 壳聚糖化学结构式

5.1.2 特点和用途

壳聚糖具有良好的生物相容性、生物降解性、成膜性、抗菌性和无毒性等优良性能,被广泛应用于伤口敷料、人工皮肤、生物传感器、药物载体、抗菌材料和工业污染物处理等领域。例如,壳聚糖骨架上的—NH_2基团在酸性环境下可以通过质子化作用转变为—NH_3^+,使壳聚糖由不溶状态转变为溶解状态;—NH_3^+在中性或碱性环境下通过去质子化作用又转变为—NH_2。利用壳聚糖的这一性质可以将壳聚糖溶液进行电沉积。壳聚糖的电沉积过程中,阴极附近的 pH 会因 H^+ 的消耗而升高,在阴极附近产生的 pH 值梯度区域诱导壳聚糖产生溶解—不溶转变,从而在阴极得到稳定的沉积膜,可以用于制备功能涂层、生物电容器和生物传感器。此外壳聚糖对很多金属离子(如 Cu^{2+}、Zn^{2+}、Hg^{2+} 等)具有良好的络合能力,壳聚糖链上的—NH_2能够与多种金属离子发生特殊的相互作用,因此壳聚糖常被用于处理各类废水中的重金属。

5.2 制备方法

壳聚糖-二氧化钛(铜)复合材料($Cu:TiO_2$-CS)的制备,目前主要的合成方法有水热法、溶剂热法、溶胶凝胶法等,该系列材料的制备方法较简单易操作,并且制备条件相对温和,本部分主要介绍溶剂热合成法。

溶剂热法合成 $Cu:TiO_2$-CS 是将一定量的壳聚糖(CS)加入到钛酸四丁酯和乙二醇的混合液(体积比为 1∶4)中,搅拌使其溶解。随后向溶解完毕的混合液中加入少量的乙酸铜,并持续搅拌数分钟。向混合液中滴入 2 滴冰醋酸(CH_3COOH),待混合均匀后将溶液转移至以聚四氟乙烯为内衬的高压反应釜中,在 110℃ 温度条件下反应 24h。待反应结束后自然冷却,用乙醇和去离子水对样品进行过滤洗涤,然后在 60℃ 条件下真空干燥 8h 获得样品。

5.3 分析表征

壳聚糖-二氧化钛(铜)复合材料($Cu:TiO_2$-CS)样品,可以通用X-射线衍射分析(XRD)、X-射线光电子能谱分析(XPS)、扫描/透射电子显微镜表征(SEM/TEM)、紫外-可见分光光度法分析(UV-vis)、荧光光致光谱分析(PL)和电化学方法分析(I-t、阻抗)等手段进行分析表征,以便于了解该材料样品的相关性质,并预估其应用前景。

通过XRD分析对材料样品进行晶相分析。图5-2展示高峰在$2\theta = 25.3°$、38.6°、47.8°、55.1°、62.6°、70.2°、75.1°分别对应(101)、(112)、(200)、(105)、(204)、(220)、(215)衍射面,表明TiO_2为锐钛矿晶相(JCPDS file no. 21-1272)。同时在XRD谱中没有发现额外的峰,说明添加了铜离子和壳聚糖不影响TiO_2的晶体结构。

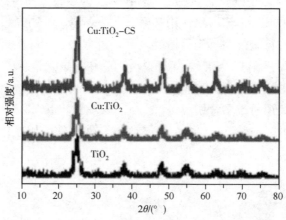

图5-2 $Cu:TiO_2$-CS复合材料X-射线光电子能谱图

采用X-射线光电子能谱(XPS)分析研究样品的化学组成和氧化态。从图5-3(a)中可以看出,样品由O、C、N、Cu和Ti元素组成。图5-3(b)为O 1s的XPS谱,图中显示三个不同的峰值分别是530.1、531.1和532.0eV。其中TiO_2的晶格氧在530.1eV,531.1eV的峰与TiO_2表面羟基相对应,C 1s的XPS谱有四个峰,观察到对应的结合能位于285.5和286.7eV的两个峰分别对应C—NH_2和C=O键。284.7eV处的峰则对应壳聚糖(CS)结构中的C—C和C—H骨架,而288.5eV的峰则是因为O—C—O和N—C=O键的化学结合。在N 1s的高分辨率XPS谱图中,总共显示有3个峰:其中401.7eV处的弱峰可以归因于C—N^+键的存在,在399.2和400.1eV出现的两个强峰则对应于C—NH_2和C—NH—

C=O键。在 Cu 2p 谱图中的显示峰位置分别在 933.3eV(2p 3/2)和 952.8eV(2p 1/2)处,可以判断材料样品中存在二价铜离子(Cu^{2+})。同时 Ti 2p 的 XPS 谱中,458.6eV(2p 3/2)和 464.3eV(2p 1/2)处的显示峰表明 TiO_2 以正常价态存在。

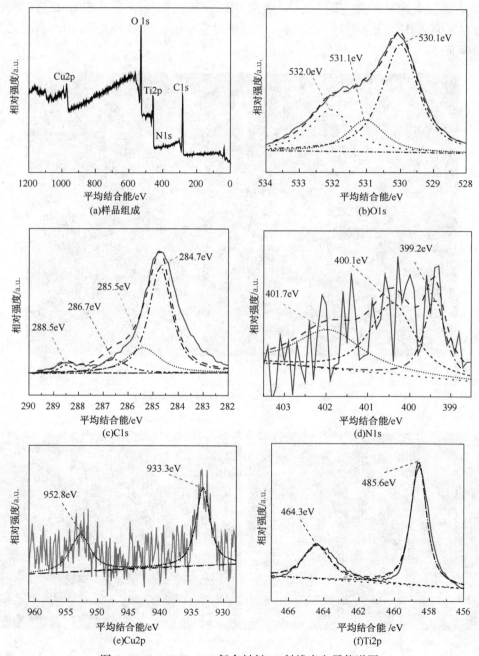

图 5-3 Cu:TiO_2-CS 复合材料 X-射线光电子能谱图

如图 5-4 所示,在扫描电镜(SEM)中检测了 Cu：TiO_2-CS 纳米复合材料的表面形貌,可以清楚地观察到颗粒状的 Cu：TiO_2 均匀地分布在壳聚糖基底上。与此同时,图 5-5(a)中显示透射电镜(TEM)同样发现 Cu：TiO_2 纳米颗粒分布在 CS 表面。更详细地说,图 5-5(b)中的 HR-TEM 图像显示 Cu：TiO_2-CS 纳米复合材料的晶格间距为 0.35 和 0.23nm,分别对应于锐钛矿相 TiO_2 的(101)和(112)晶体面。

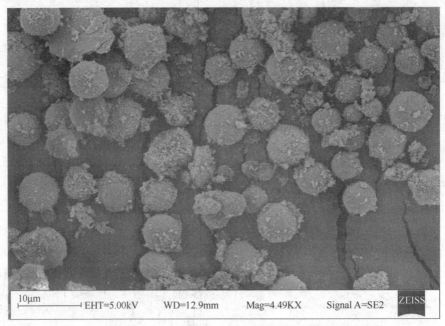

图 5-4　Cu：TiO_2-CS 复合材料扫描电镜图

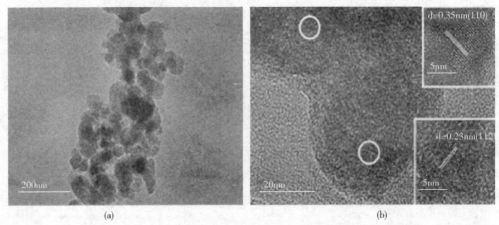

图 5-5　Cu：TiO_2-CS 复合材料透射电镜图

采用紫外-可见分光光度法(UV-vis)分析了材料样品的光学性能。图5-6(a)表明TiO_2的吸收带边缘位于380nm处,与标准锐钛矿相TiO_2一致。Cu:TiO_2样品在被掺杂铜离子作用下发生红移至398nm处。此外,样品Cu:TiO_2-CS的吸收带边缘位移至438nm处,与TiO_2和Cu:TiO_2样品相比发生明显地红移。并且可以清楚地从图5-6(b)中了解到,Cu:TiO_2-CS样品的荧光强度最低,说明样品具备有效降低光激发电子空穴复合率的能力,可以更好地抑制光生电子与空穴的复合。

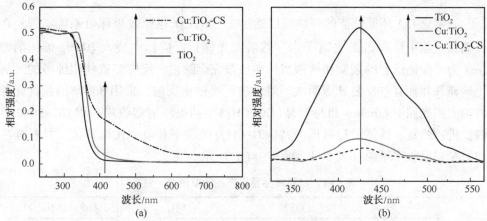

图5-6 Cu:TiO_2-CS复合材料紫外漫反射图(a)与Cu:TiO_2-CS复合材料荧光光致光谱图(b)

根据电化学方法分析,从图5-7(a)中可以清楚地看到Cu:TiO_2-CS样品的光电流可以达到$1.6\mu A/cm^2$,而TiO_2和Cu:TiO_2样品的光电流相对较小。这一现象表明,复合材料样品的电荷分离效率得到了有效地提升。此外如图5-7(b)所示,电化学阻抗谱(EIS)进一步研究了电荷的转移特性和增强的光电电化学性

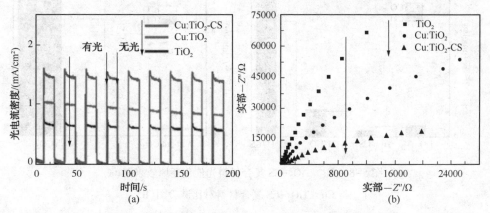

图5-7 Cu:TiO_2-CS复合材料I-t图(a)与Cu:TiO_2-CS复合材料阻抗(AC)图(b)

能。从图中可见，Cu∶TiO$_2$-CS 样品的奈奎斯特曲线半径小于 TiO$_2$ 和 Cu∶TiO$_2$ 样品，表明了 Cu∶TiO$_2$-CS 样品具有良好的光电空穴分离效率，并且电子和空穴在半导体和电解质界面的传输效率更高。

5.4 性能和机理

5.4.1 还原性能评价

光催化 CO$_2$ 还原性能的评估可以通过光催化 CO$_2$ 还原效果评价系统实现。在玻璃反应器中注入 2mL 去离子水，然后在光催化反应器中装入 100mg 催化剂样品，为了保证所有的杂质和被截留的空气被完全除去，反应装置使用纯净的二氧化碳充气并抽真空反复处理两次。然后进行光催化反应，采用 300W 的氙灯光源模拟太阳光照射 60min，目标产品（CO/CH$_4$）用抽提注射器收集，用 GC-2080 色谱仪进行测定。性能通过目标产品（CO/CH$_4$）的收率和收率比来评价。材料样品的目标产品收率结果如表 5-1 和图 5-8(a) 所示。

表 5-1 材料样品目标产品收率情况一览表

样品	CO	CH$_4$	收率比（CH$_4$/CO）
TiO$_2$	0.32	0.45	1.41
TiO$_2$∶CS	0.41	0.24	0.59
Cu∶TiO$_2$	0.99	1.06	1.07
Cu∶TiO$_2$-CS	4.48	5.34	1.19

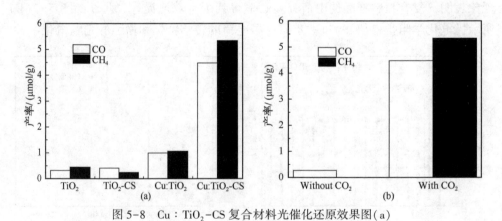

图 5-8 Cu∶TiO$_2$-CS 复合材料光催化还原效果图(a) 与 Cu∶TiO$_2$-CS 复合材料对比试验图(b)

从数据图表中可以观察到，$Cu:TiO_2$-CS 材料样品的光催化 CO_2 还原效果优于 TiO_2、TiO_2-CS 和 $Cu:TiO_2$ 样品，产品收率最大可增加 10 倍之多，同时对于 CH_4 产品的选择性更好。

壳聚糖与 $Cu:TiO_2$ 的协同作用是提高 $Cu:TiO_2$-CS 样品光催化 CO_2 还原效果的主要原因。具体地说，协同作用影响因素主要有以下三个方面：球形的 CS 纳米粒子可以支持 $Cu:TiO_2$ 的均匀生长，有利于暴露更多的表面积（活性部位），增强两者之间的耦合；CS 的存在可以增强复合光催化剂对 CO_2 的吸附，这是由于 CS 中末端胺基的特殊结构。d-葡萄糖胺单元的游离胺基会在近邻氨基的共同作用下有效吸附 CO_2；而且铜离子和壳聚糖可以抑制光生电子和空穴的复合，以提高电子空穴分离率。

为了确定 $Cu:TiO_2$-CS 样品自身在光照射分解的效果，在没有 CO_2 的情况下进行了光催化还原的对照实验。从图 5-8(b) 中可以清楚地观察到 $Cu:TiO_2$-CS 复合材料仅产生 0.27μmol/g CO，不产生 CH_4。与存在于 CO_2 气氛中的样品相比，两种反应产物的量均显著降低，说明 $Cu:TiO_2$-CS 在光照射下的自分解对光催化 CO_2 还原效果没有明显地影响。

5.4.2　机理分析

根据测试结果，提出了 $Cu:TiO_2$-CS 样品进行光催化还原 CO_2 反应的可能性机理，如图 5-9 所示。当吸收能量等于或大于 TiO_2 的带隙，TiO_2 纳米粒子被激活，在价带（VB）和导带（CB）上分别产生空穴（h^+）和电子（e^-），而 TiO_2 中掺杂 Cu^{2+} 有效抑制了光生电子与空穴的复合。同时，由于 CS 具有较好的 CO_2 吸附效果，在一定程度上促进了光催化 CO_2 还原反应。在光的照射下，$Cu:TiO_2$-CS 产生的空穴能氧化表面吸附的水分子生成氧气和质子，同时在质子的协助下，表面上的光生电子可以被 CO_2 捕获而产生 CO 和 CH_4，如下列方程所示：

$$Cu:TiO_2\text{-}CS + h\nu \longrightarrow Cu:TiO_2\text{-}CS(e^-, h^+) \tag{5-1}$$

$$2H_2O + 4h^+ \longrightarrow O_2 + 4H^+ \tag{5-2}$$

$$CO_2 + 2H^+ + 2e^- \longrightarrow CO + H_2O \tag{5-3}$$

$$CO_2 + 8H^+ + 8e^- \longrightarrow CH_4 + 2H_2O \tag{5-4}$$

因此，在光催化 CO_2 还原方面，$Cu:TiO_2$ 的引入和 CS 的吸附产生了协同作用，能更好地促进电子的迁移并抑制电子空穴复合，从而提升还原效果。

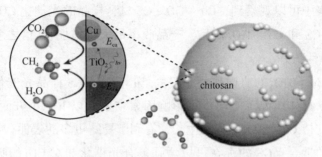

图 5-9　Cu∶TiO_2-CS 复合材料光催化 CO_2 还原机理示意图

5.5　小结

（1）壳聚糖用溶剂热法制备合成了一系列二氧化钛复合材料。

（2）利用 XRD、SEM、TEM、UV-Vis DRS 和 EIS 等手段对样品的性质进行了表征分析。可见光作用下，在充满 CO_2 的密闭体系中，研究了复合材料的光催化性能。实验表明，复合材料一定程度上增加了二氧化钛光吸收强度，减小了禁带宽度，提高了二氧化钛的光催化活性

（3）根据实验及相关文献，推测了复合材料的催化还原 CO_2 的可能性机理。催化剂的稳定性及反应机理有待进一步深入研究。

6 高分子敏化体系

前面已经论述过，二氧化钛（TiO_2）是常见的金属氧化物，通常为白色粉末状固体，属于 n 型半导体材料，合适的导带价带位置使其被作为催化剂应用于光催化氧化还原反应中。因其具有较好的化学稳定性、抗腐蚀性，无毒、价格低廉而广泛用于生产生活中。二氧化钛常见的有三种晶型，分别是：金红石型（Rutile）、锐钛矿型（Anatase）、板钛矿型（Brookite），前两者属于四方晶系，后者属于斜方晶系，具体的晶型结构如图 6-1 所示。

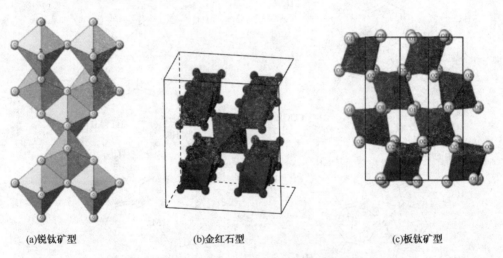

(a)锐钛矿型　　　　　　(b)金红石型　　　　　　(c)板钛矿型

图 6-1　二氧化钛锐钛矿型、金红石型和板钛矿型的形成模型

目前，提高二氧化钛的光催化活性的改性主要有以下几个方面：①提高光能的利用率；②提高电子-空穴的分离效率；③改善易团聚的 TiO_2 纳米颗粒的分散性，增加比表面积和孔隙率。常见的提高 TiO_2 的光催化活性的主要方法有：不同的方法制备 TiO_2、改变 TiO_2 的形貌、金属/非金属离子掺杂、贵金属沉积、染料敏化、半导体材料复合等。

6.1 卟啉化合物

6.1.1 卟啉化合物简介

卟啉(porphyrin)广泛存在于自然界中，对生命体的新陈代谢至关重要，比如植物进行光合作用的叶绿素(镁卟啉)，制造红细胞的维生素 B12(钴卟啉)，传递氧气的血红素(铁卟啉)等，被称为生命色素(图 6-2)。卟啉由 20 个碳原子和 4 个氮原子组成，所有原子处于同一平面上，是一种具有 26 个 π 电子的高度共轭大环结构的芳香族化合物，其基本骨架由四个次甲基和吡咯环组成(图 6-3)。

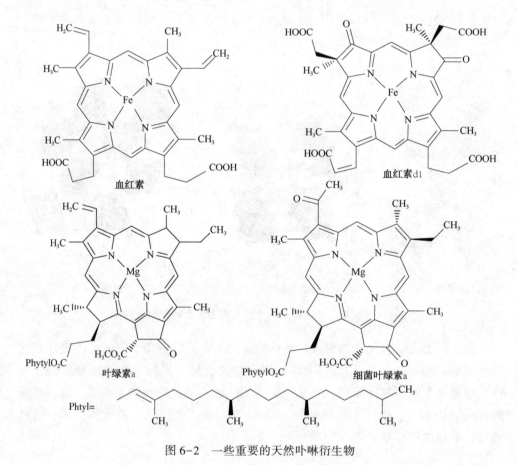

图 6-2 一些重要的天然卟啉衍生物

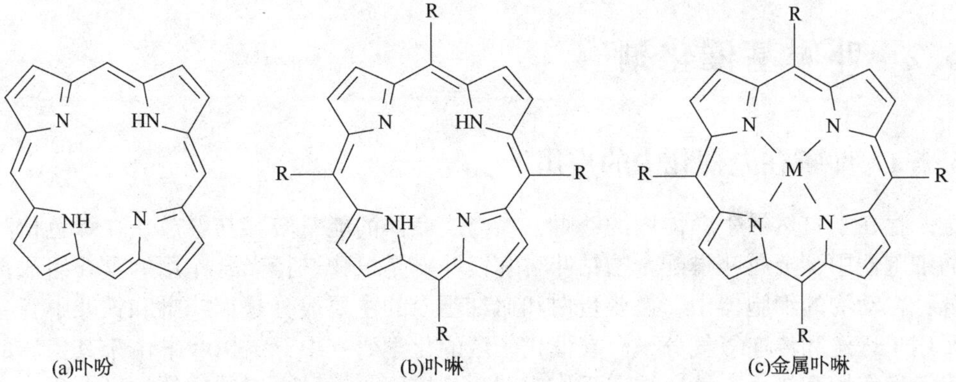

(a)卟吩　　　　　　　(b)卟啉　　　　　　　(c)金属卟啉

图6-3　卟吩、卟啉和金属卟啉结构示意图

吡咯环上的5、10、15、20位被称为中位(-meso位)；21、22、23、24位上N的位置被称为β位。由于存在环状共轭结构，卟啉的紫外光谱图主要有两种吸收带，分别称为S带和Q带。S带为强吸收带，一般出现一个吸收峰；Q为弱吸收带，一般出现四个吸收峰。另外，Q带吸收峰的数量与其环结构的对称性有关，没有配位的卟啉常有4个吸收峰，发生配位之后，由于对称性改变，空间环境高度对称减少为一个吸收峰。

卟啉的主体为共轭卟吩环，环的次甲基可以被不同的取代基取代，同时吡咯氮原子可以与不同的金属离子发生配位形成金属卟啉。根据配位金属离子半径的大小，金属卟啉主要分为两种构型，当金属离子半径较小时，可直接进入卟啉环的中心形成平面构型金属卟啉；反之，离子半径较大时(过渡金属和稀土金属)，则通过环外配位方式发生配位反应。不同金属对卟啉环的影响不同，导致其性能发生改变，为其功能性多样性提供了途径。由于卟啉独特的共轭结构，使其具有较好的稳定性，且通过修饰不同的官能团使其表现出功能多样性的特点。卟啉具有优异的光学、电学以及磁学性能，目前已被应用于光催化、太阳能电池、肿瘤诊断、生物传感器以及功能化材料等领域。

6.1.2　卟啉化合物的合成

经过科研工作者的不断努力，目前卟啉的人工合成已存在多种方法。一般的，通过对卟啉吡咯环上-meso位和β位的取代反应得到不同类的卟啉类衍化合物。卟啉的合成方法一般分为两种：一步合成法和多步合成法。一步合成法主要有Rothemund法、Adler-Longo法和Lindsey法，多步合成法主要有[2+2]和[3+1]法。一步法得到的卟啉结构相对比较简单，且一般为对称型的结构，该方法通过一些小分子其自身带有官能团可直接合成；多步法合成过程中需要经过中间体，一般得到非对称型卟啉结构，先合成卟啉前驱体，然后再对前驱体进行官能团的修饰。另外，有机合成过程中发现卟啉合成产率较低，成本相对较高。

6.2 卟啉基催化剂

6.2.1 卟啉在光催化中的应用

存在于自然界生命体内的卟啉，参与生命体的能量转移与释放。在绿色植物的细胞器中，金属卟啉配合物钴卟啉和镁卟啉是植物进行光合作用的重要组成部分；在动物的细胞器中，血蓝蛋白和血红蛋白的主要成分是铜卟啉和铁卟啉，主要用于运送和传递氧气分子。在催化领域的化学研究中，金属卟啉由于其优异的化学稳定性和热稳定性，被广泛作为催化剂使用。通过自组装构筑纳米单元，金属卟啉配合物可模拟过氧化氢酶以及过氧化物酶等蛋白质类生物模型，使其成为仿生催化剂。在均相催化体系中，金属卟啉表现出良好的催化效果，但是在反应的过程中，会使卟啉发生氧化降解或者自聚而使其失活，导致反应体系稳定性差。且均相体系中，催化剂无法回收利用，导致其进一步的发展受阻。相反，在非均相体系中，将金属卟啉通过物理或者化学的方法负载在不溶性固体表面，使其有效的回收利用，使其有效的分散且催化性能提高。卟啉及其金属卟啉化合物因其独特的物理化学性质，在染料敏化太阳能电池、光催化、靶向药物、分析化学等领域取得一定的进展。

Azam Aliakbari 课题组用不同长度的氮—碳链(长链和短链)氨基功能化的 SBA-15 介孔二氧化硅分子筛作为载体，将锰的配合物 meso-四(4-羧基苯基)卟啉[meso-tetrakis(4-carboxyphenyl)porphine，TCPP]固定在上面，根据链的长度，将所制备的样品分别记为 SBA-15-short-chainNH$_2$@Mn(TCPP)OAc 和 SBA-15-long-chain-NH$_2$@Mn(TCPP)OAc(图 6-4)。并对样品进行 XRD、FT-IR 以及紫外漫反射等一系列表征，通过原子吸收光谱证明卟啉负载在多孔材料表面。对催化剂进行热分析表明，400℃以前，该材料都具有较好的热稳定性。将该催化剂用于烯烃的催化氧化，证明长链催化剂的催化活性高于断链催化剂，而对于苯乙烯及其他的取代物来说，链长对其催化活性的影响较小。2017 年，杨平课题组通过简单的方法：首先将铂沉积在石墨烯纳米片上，得到 RGO/Pt(图 6-5)，然后将其在常温下连续搅拌 12h，将其四(4-羟基苯基)卟啉(5,10,15,20-tetrakis(4-(hydroxyl)-phenyl)porphyrin，TPPH))制备得到复合材料 TPPH-RGO/Pt 通过原子力显微镜(AFM)，透射电镜(TEM)和紫外漫反射(UV-Vis)，证明 TPPH 分子附着在石墨烯纳米片表面上。TPPH 作为光敏剂，有效提高催化剂的光催化活性，RGO 充当电子受体和电子传递的媒介。将该催化剂用于光催化水产氢，有效提高了电子-空穴的分离效率，具有较高的光催化活性。表面活性剂十六烷基三甲基溴化铵(CTAB)的加入使光催化剂的稳定性和催化活性明显提高，有效阻止 TPPH/RGO 团聚。

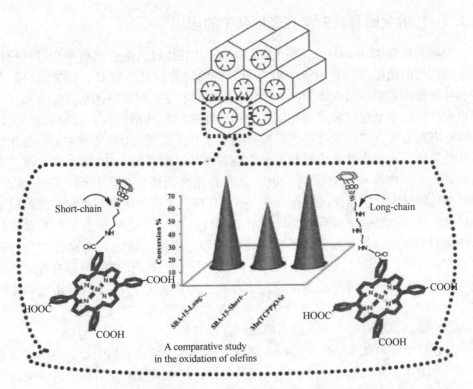

图6-4 SBA-15-long-chain-NH$_2$@Mn(TCPP)OAc 和 SBA-15-short-chainNH$_2$@Mn(TCPP)OAc 烯烃的催化氧化

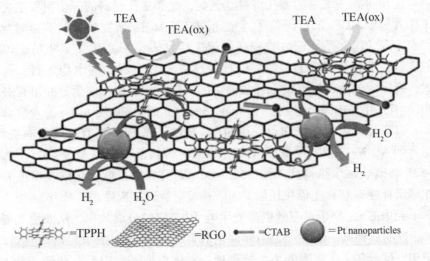

图6-5 RGO-TPPH 光催化剂在光辐照下的光激发电子转移示意图

6.2.2 卟啉金属有机框架在光催化中的应用

金属有机骨架(metal-organic frameworks, MOFs)材料由金属离子和有机配体形成周期性的晶体结构。由于卟啉自身独特的优势以及金属有机框架材料的发展，卟啉被作为配体引入该 MOFs 材料中，产生了一系列新的体系。金属离子与有机配体卟啉发生配位形成多孔结构，由于卟啉的刚性结构具有较好的稳定性，所以卟啉基金属有机框架材料也有较好的稳定性。最近 MOFs 有机-无机杂化材料在能量储存和转换的领域引起了人们越来越浓厚的兴趣。MOFs 材料在催化方面有其固有的特性和显著优势：MOF 具有高密度的活性位点和均匀的分散性；高度多孔的结构，容易接近活性位点；开放孔道，大大方便了基质和产物的运输和扩散；结构稳定保证可回收性的特性。因此，MOF 有效地整合了均相和非均相催化剂的优点，具有高反应效率和可回收性。此外，MOF 具有高度均匀的孔隙形状和尺寸，对尺寸选择性催化至关重要：小尺寸分子反应物可以有效地被转化，尺寸过大的分子将无法参与反应。在此，MOF 最近的进展用于储能和转换应用的 MOF 复合材料，包括光化学和电化学水解产氢及二氧化碳还原，水氧化，超级电容器和锂基电池等方面具有广阔的应用前景。

早在二十世纪九十年代，Robson 课题组将铜离子作为金属中心，以四氯基苯甲烷作为配体合成三维网络结构的配位聚合物，并首次将拓扑结构引入其中，为 MOFs 的发展奠定了基础。1999 年，美国密歇根大学 Yaghi 课题组发表了关于 MOF-5 材料的文章，MOF-5 是以 Zn_4O 作为金属中心，有机配体为对苯二甲酸(BDC)，配位得到三维结构多孔材料。至此，此类多孔材料的诞生引发了国内外科研工作者对于 MOFs 的广泛关注，至此开启了 MOFs 研究领域的黄金时代。美国德州农工大学化学系周宏才教授课题组先后发表了一系列关于卟啉配体 PCN 系列的文章，引起了广泛的关注。PCN-222 结构具有超高的水稳定行，孔道直径较大，高密度的活性位点位于开放通道的内壁上，应用在催化方面很有潜力。

2016 年，叶金花课题组制备了 MOF-525-Co 催化剂(图 6-6)，大致合成过程如下：以氯化氧锆为金属结点，用四(4-羧基苯基)卟啉(TCPP)为有机配体，分别加入到 N，N-二甲基甲酰胺(DMF)溶液中得到金属框架 MOF-525。然后将 MOF-525 与硝酸钴水热得到 MOF-525-Co。研究表明，该催化剂在可见光的照射下能够选择性捕获和光催化还原 CO_2。通过对机理探究发现，MOF 结构中存在于卟啉单元中的 Co 原子可有效提高光生电子-空穴的分离效率，从而使光催化还原 CO_2 活性明显提高。MOF-525-Co 催化剂表现出独特的结构特征，包括较大的比表面积，优异的 CO_2 吸附能力。特别地，植入单原子钴以后，还原产物 CO 和 CH_4 的产率明显提高，同时对 CH_4 选择性明显提高，这种单原子植入的方法为 MOF 广泛使用提供了指导，尤其在太阳能捕获方面。2017 年，江海龙课题组制备了铂的纳米晶与卟啉金属有机框架 PCN-224(M)相结合的 Pt/PCN-224(M)复合催化剂(图6-7)。在温和条件下,利用分子氧将芳香醇氧化成为芳香醛的控制选择性一直存在巨大的挑战性。而复合材料 Pt/PCN-224(M)具有良好的光热效应以及在单线态氧的作用下,在可见光的照射下表现出优异的芳香族醇的选择性以及催化氧化性能。该工作首次将光化学产生单线态氧用作温和氧化剂以及 MOFs 的光热效应引入芳香醇的选择性氧化。同时该催化反应在常压条件下进行,循环六次依然保持催化活性。这项工作通过贵金属/MOF 复合材料中金属表面电子态以及可见光照射下的光热效应,为该类材料以及金属/半导体等用于有机催化反应开辟了新的道路。

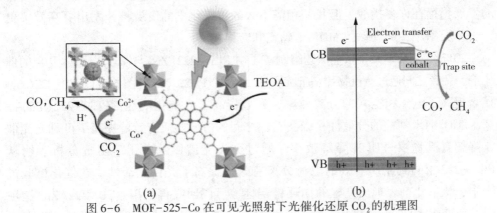

图6-6 MOF-525-Co 在可见光照射下光催化还原 CO_2 的机理图

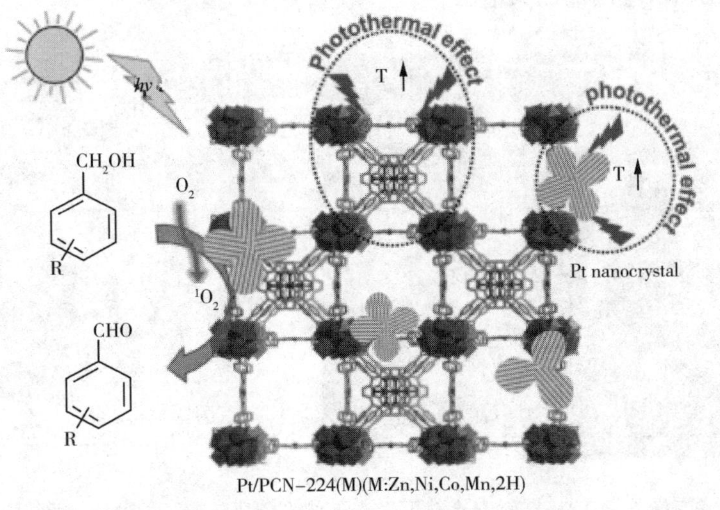

图6-7 在可见光照射下 Pt/PCN-224(M)上单线态氧选择性醇氧化的示意图

6.2.3 卟啉金属有机框架/TiO_2复合材料在光催化中的应用

近年来，随着金属有机框架材料(MOF)在气体吸附、分离以及储存等方面的优势，这类多孔材料引起了广泛的研究热潮。在光催化二氧化碳的还原过程中，金属半导体材料对CO_2的吸附性差，而金属有机框架材料对CO_2的吸附存在自身独特的优势，所以将该种材料作为助催化剂引入该领域。将MOF材料与无机催化剂结合制成复合催化剂，两者之间的协同效应使催化活性增强以及较高的CO_2吸附的能力。实验证明，通过两相复合的方法引入MOF材料作助催化剂，提高对CO_2的吸附和活化可有效提高TiO_2的光催化活性。尽管MOFs和MOF复合材料的发展仍存在许多挑战，但我们相信不久的将来化学的发展将开发出更高效，更经济，更耐用，更环保的MOF基础能和转换材料。

2017年，天津大学张宝课题组制备了由PCN-222(Zn)与TiO_2半导体复合的催化剂，两者之间通过有机物巯基吡啶联接，记为TP-222(Zn)(图6-8)。TP-222(Zn)显著提高了电子和空穴的分离效率，有效提高了光催化活性，PCN-222(Zn)提高了TiO_2纳米颗粒的分散性，以及它们之间的协同效应有效地提高了可见光光催化降解有机物罗丹明B降解效率。通过荧光光谱以及电化学阻抗分析表明从PCN-222(Zn)到TiO_2有效的电荷分离有效地提高了光催化活性。在催化试验过程中，该催化剂表现出良好的循环稳定性，可以回收再利用。TP-222(Zn)这项研究为卟啉MOF与金属半导体复合材料引入光催化降解有机物提供新的思路以及在光催化领域应用的巨大潜力。

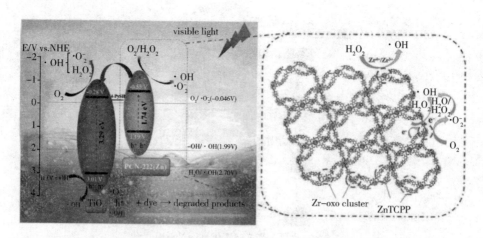

图6-8 TP-222(Zn)在可见光下的光催化降解可能的机理图

6.3 CuTCPP/P25$_m$ 复合材料的光催化 CO_2 还原性能的研究

在众多的光催化材料中，商业 P25(TiO_2)由于其化学稳定性、无毒、成本低、批量生产和催化活性高而引起了研究者极大的关注。然而，由于其禁带宽度(3.2eV)较宽，太阳能利用率低，极大地限制了其在光催化中的应用。为了克服 P25 缺陷，对 P25 进行改性均显著地提高了其催化活性，如：光敏化、半导体复合材料、金属和非金属负载以及贵金属沉积。其中，光敏化方法被证明是将半导体的光响应扩展到可见光区域的有效方法。

卟啉化合物因其具有大环共轭结构，具有很好的稳定性以及光敏性，常被用做光敏剂提高半导体材料的光催化活性。本部分将含有羧基的卟啉分子四(4-羧基苯基)卟啉(TCPP)作为敏化剂引入光催化，金属氧化物表面含有羟基，因此卟啉与半导体可以通过化学键结合形成稳定的复合材料。此外，有研究表明，在光催化 CO_2 还原中 Cu^{2+} 可以吸附和活化 CO_2，对提高 CO_2 转化效率起着重要作用。同时，卟啉与金属离子配位形成金属络合物后，对半导体的敏化作用将明显提高。

我们将金属卟啉 CuTCPP 作为敏化剂，通过回流的方法将经过水热处理的 P25(P25$_m$)与 CuTCPP 制备 CuTCPP/P25$_m$ 复合材料。对 CuTCPP/P25$_m$ 的性能测试表明，该复合材料具有优异的光催化产甲烷的活性。经过一系列材料表征表明，相比于纯的 P25$_m$，CuTCPP/P25$_m$ 具有更强的光吸收能力以及更高的电荷分离效率。

6.3.1 制备和分析方法

5,10,15,20-四(4-羧基苯基)卟啉(TCPP)的合成：首先在反应进行前将吡咯进行重蒸，吡咯由淡黄色变成无色溶液。其次在圆底烧瓶中依次加入 4-甲酰基苯甲酸(6.08g,40.5mmol)、重蒸的吡咯(2.8g,40.5mmol)以及150mL 丙酸作为溶剂，然后在油浴锅中持续回流 2h(图 6-9)。停止反应后冷却至室温得到黑色溶液，再向反应瓶中加入 200mL 甲醇，与此同时将该溶液在保持 0℃的冰浴条件下搅拌 30min。最后将所得到液体进行离心分离，并用甲醇、温的蒸馏水洗涤数次，得到紫色固体。将该固体在 80℃的烘箱中放置 12h 得到紫色粉末，计算产率大约为 16%，收集产物备用。

TCPP：1H-NMR(600MHz, DMSO-d6, ppm)：δ = 8.79(s,8H)、8.33(d,8H)、8.26(d,8H)(图 6-10)；UV-Vis(乙醇)：λ,nm：415(Soret 带)和 512、547、590、645(Q 带)；FT-IR(KBr 压片)：3315,965cm^{-1}(N—H)。

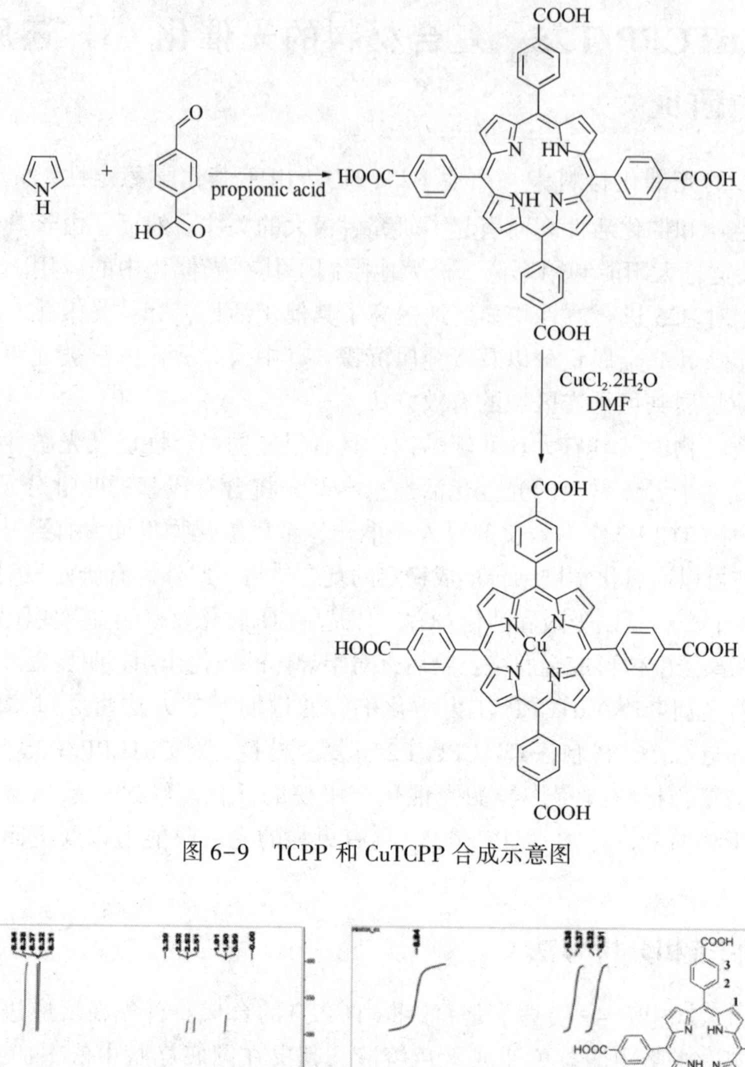

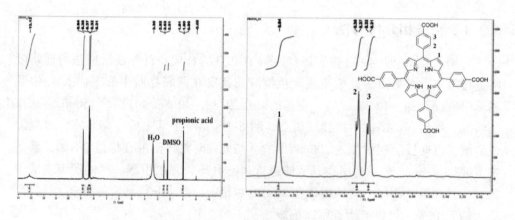

图 6-9　TCPP 和 CuTCPP 合成示意图

图 6-10　TCPP 的核磁共振谱

5,10,15,20-四(4-羧基苯基)金属卟啉(CuTCPP)的合成：金属卟啉的合成一般采用 DMF 体系，将金属氯化物与卟啉在 DMF 中回流制得。向圆底烧瓶中依次加入TCPP(0.261g,0.33mmol)、$CuCl_2 \cdot 2H_2O$(0.31g,1.82mmol)以及15mL DMF作为溶剂,然后在油浴锅中持续回流5h(图6-9)。停止反应后冷却至室温得到暗红色溶液,将该溶液离心分离,并用蒸馏水多次洗涤。将该固体化合物在60℃下真空干燥,得到红色固体。

P25的水热处理:将1.0gP25(TiO_2)粉末加入25mL蒸馏水中,持续机械搅拌0.5h,使P25均匀分散在水中。然后,将上述混合液转移至50mL的聚四氟乙烯内衬中,再将内衬装入钢制高压反应釜,密封并在温度为150℃烘箱水热10h。然后待反应釜自然冷却至室温取出,离心分离沉淀物并用蒸馏水洗涤。将产物在80℃的烘箱中干燥,研磨得到水热处理过的P25粉末($P25_m$)。

$CuTCPP/P25_m$复合材料的制备:将0.6g $P25_m$加入装有30mL乙醇溶液的圆底烧瓶中,机械搅拌至$P25_m$均匀分散。然后将适量的已制备好的CuTCPP样品加入上述溶液中。机械搅拌均匀后,将圆底烧瓶放置在油浴中回流5h,冷却至室温,离心分离固体沉淀物并用乙醇洗涤样品以除去未结合的CuTCPP,然后在80℃下干燥,研磨得到$CuTCPP/P25_m$复合材料(图6-11)。通过以上实验步骤,加入不同质量比的CuTCPP,制备不同比例的$CuTCPP/P25_m$催化剂,样品分别记为0.1%、0.3%、0.5%、1%、1.5%、2% $CuTCPP/P25_m$,同时CuTCPP/P25复合材料具有以上同样的制备过程。

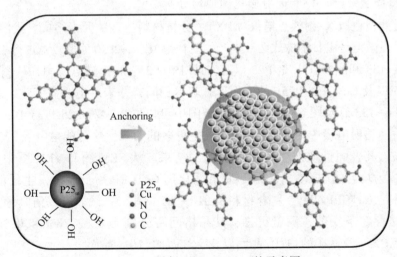

图6-11 制备$CuTCPP/P25_m$的示意图

6.3.2 材料表征分析

1. X-射线衍射仪(XRD)

图6-12是P25、水热处理后的$P25_m$、金属卟啉敏化P25以及$P25_m$复合材

料的 X-射线衍射(XRD)图,分别记为 P25、P25$_m$、CuTCPP/P25 和 CuTCPP/25$_m$。从图中可以看出,商业化 P25 是由金红石和锐钛矿两种晶体类型组成的混合晶相。水热处理后 P25$_m$ 的 XRD 谱图没有发生改变,说明水热没有影响 P25 的晶体结构。从 CuTCPP/P25 和 CuTCPP/25$_m$ 的 XRD 谱图中可以看出,负载敏化剂后,并没有出现新的衍射峰,说明敏化剂的加入没有影响晶体的结构组成。

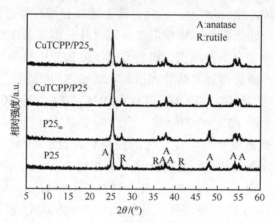

图 6-12　样品 P25、P25$_m$、CuTCPP/P25 和 CuTCPP/25$_m$ 的 XRD 图

2. 扫描电镜(SEM)和透射电镜(TEM)分析

通过能量色散 X-射线光谱仪(EDX)可分析材料微区的元素组成。我们采用的透射电子显微镜是由日本株式会社生产的型号为 JEOL-2010 实验仪器进行表征的。

图 6-13a 和图 6-13b 是 P25 以及 CuTCPP/P25$_m$ 的扫描电镜图,从图中可以看出 P25 以及 CuTCPP/P25$_m$ 的表面形态基本相同,并未发生明显变化。从图 6-13c 和图 6-13d 以及图 6-14 的透射电镜图中可以看出,对 P25 进行 10h 的水热处理以后,透射电镜中的 P25$_m$ 的表面发生更多的团聚,这可能是由于 P25$_m$ 表面羟基增多,其表面性质发生变化所引起的结果。从 SEM 图和 TEM 图中可以看出,P25$_m$ 为均匀的球形纳米粒子,负载敏化剂 CuTCPP 后形貌未发生任何改变。图 6-13e 是 CuTCPP/P25$_m$ 复合材料的 HR-TEM 图,从图中可以清晰地观察到 P25$_m$ 晶格存在条纹的,测量可知,其晶格间距分别为 0.3247nm 和 0.3472nm,分别对应 P25$_m$ 锐钛矿的{110}晶面以及金红石的{101}晶面。

以上测试结果与 XRD 结论一致。图 6-13f 是 CuTCPP/P25$_m$ 的 EDS 分析,结果证实纳米复合材料由 Cu、Ti、O、N 和 C 元素组成,证明该复合材料被成功的制备。由于敏化剂的含量较少,所以 Cu 元素的峰值强度不高。图 6-15 中通过 X-射线能量色散谱检测 CuTCPP/P25$_m$ 证明所有元素均匀分布。在检测结果中同时有 Ni 元素特征峰存在,这是由于在制备样品时采用镍网作为基底所致。

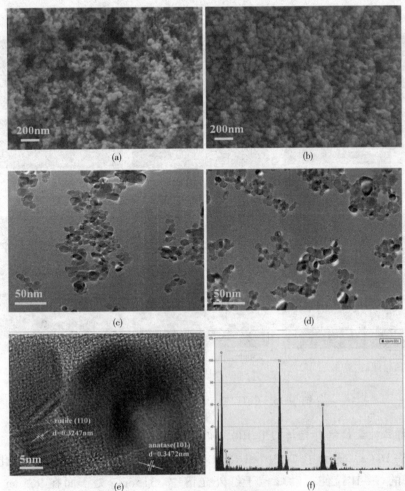

图6-13 P25(a)和CuTCPP/P25$_m$(b)的SEM图，P25(c)和P25$_m$(d)的TEM图，样品CuTCPP/P25$_m$的HR-TEM图(e)以及CuTCPP/P25$_m$的EDS图(f)

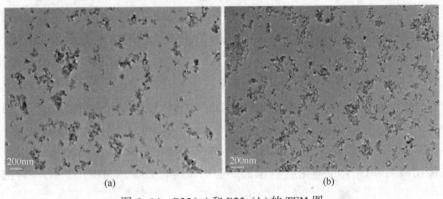

图6-14 P25(a)和P25$_m$(b)的TEM图

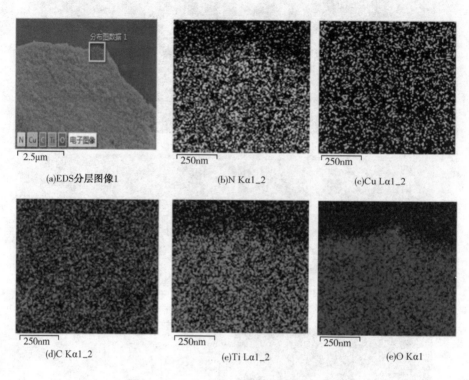

图 6-15　CuTCPP/P25$_m$元素扫描分布图

3. 傅立叶变换红外光谱(FT-IR)分析

图 6-16(a)显示了 TCPP 和 CuTCPP 的 FT-IR 光谱。金属卟啉化合物 CuTCPP 的 N—H 拉伸振动峰位于红外光谱中 3315cm^{-1}处，而在 965cm^{-1}处出现 N—H 吸收较弱的弯曲振动峰。与卟啉配体 TCPP 相比，当金属铜离子与卟啉环配位时，卟啉环的变形振动增强，产生 Cu—N 的伸缩振动峰。此时从 FT-IR 光谱中可以看出，在 CuTCPP 红外谱图中 3315cm^{-1}和 965cm^{-1}处振动吸收峰消失，而在 1000cm^{-1}附近出现了一个较强的新峰，同时这也是金属与卟啉发生配位的主要特征。图 6-16(b)~(d)是 P25、P25$_m$、CuTCPP/P25 和 CuTCPP/P25$_m$在不同波数范围内的 FT-IR 光谱图。在 CuTCPP/P25 和 CuTCPP/P25$_m$谱图中，1000cm^{-1}附近仍然出现新的峰，证明 CuTCPP 成功的负载在 P25 表面。在 3420cm^{-1}处的峰值可以归功于 P25 表面羟基的拉伸振动。在波数范围为 500~800cm^{-1}的拉伸振动峰归属于 P25 的 Ti—O—Ti 键。在 1620~1720cm^{-1}区间的振动峰可归因于卟啉化合物中的—COOH 键以及 P25 中的 Ti—O—Ti 键。

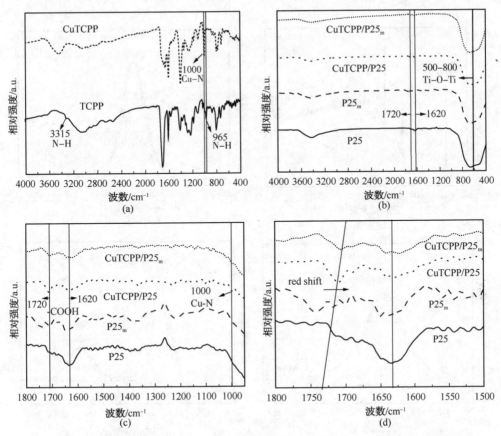

图6-16 TCPP 和 CuTCPP 的 FT-IR 光谱图(a)与 P25、P25$_m$、CuTCPP/P25 和 CuTCPP/P25$_m$ 不同波数范围的 FT-IR 光谱图(b~d)

4. X-射线光电子能谱(XPS)分析

为进一步研究复合材料的组成及元素价态,本实验对 0.5%CuTCPP/P25$_m$ 进行了 XPS 测试,如图 6-17 所示。测试结果表明样品中含有 C、N、Ti、O 和 Cu 元素,此结果与 EDX 测试元素种类一致。图 6-17(b)显示 C 1s 峰的结合能分别为 284.8eV 和 288.43eV。图 6-17(c)显示 N 1s 结合能位于 398.6eV 处。在图 6-16(d)中,光谱出现两个高分辨率 Ti 2p 峰分别为 459.1eV 和 464.7eV,可分别归因于的 Ti 2p3/2 和 Ti 2p1/2。图 6-17(e)光谱中 O 1s 峰可归因于 P25 中晶格氧和官能团—OH 的出现,结合能分别为 531.9eV 和 530.3eV。图 6-17(f)出现 Cu 2p 信号峰,位于 934.2eV 和 953.8eV 附近,可以分别归于 Cu 的 2p 3/2 和 2p 1/2,由于复合材料中敏化剂的含量较少,铜的质量比相对更低,所以铜的信号峰比较弱。

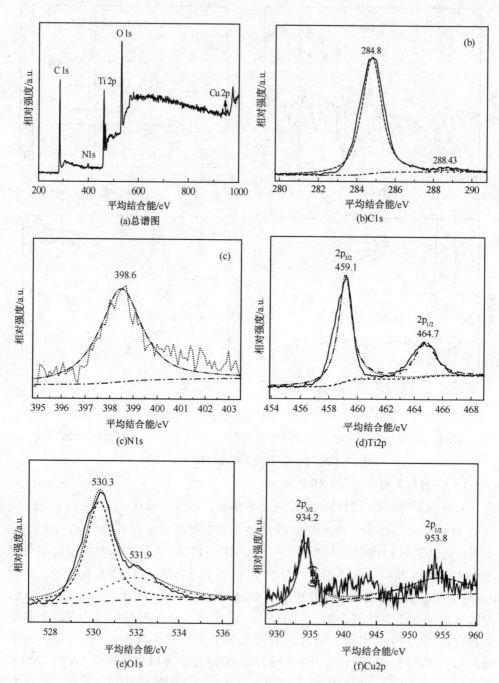

图 6-17 0.5% CuTCPP/P25$_m$ 的 XPS 图

5. 紫外-可见图谱分析

图 6-18 显示了卟啉 TCPP 和金属卟啉 CuTCPP 在乙醇溶液中的紫外-可见吸收光谱。两者分别在光谱图中均出现两类吸收带，分别为 S 带和 Q 带。由于 S 带的摩尔消光系数远大于 Q 带，所以 S 带具有较强的吸收峰。S 带位于紫外区的强吸收带，Q 带是位于可见区较弱的吸收带。卟啉 TCPP 的 S 带位于 416nm，这是由于 $a1u(\pi)$ 到 $e^*g(\pi)$ 的跃迁。Q 带出现强度较低的四个峰值，分别为 512nm、547nm、590nm 和 645nm，这对应于 $a2u(\pi)$ 到 $e^*g(\pi)$ 的跃迁。TCPP 与 CuTCPP 光谱图的相比较，Q 带吸收峰的数量由 4 个减少为 1 个。

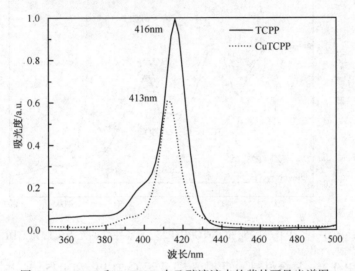

图 6-18 TCPP 和 CuTCPP 在乙醇溶液中的紫外可见光谱图

CuTCPP 在 413nm 和 538nm 处出现两个新的峰，此现象表明金属卟啉的形成。在卟啉 TCPP 配体中，4 个 N 原子中所处的化学环境不同，从而降低了卟啉分子的对称性，随着轨道能级降低，Q 带依次出现 4 个吸收峰。相反，当 Cu 金属离子与 4 个 N 原子中心配位时，使其卟啉分子络合物结构对称的，Q 带只出现 1 个吸收峰(表 6-1)。

表 6-1 $P25_m$ 和 0.5% $CuTCPP/P25_m$ 的荧光寿命

Samples	Lifetime/ns	Pre-exponential Factors B	Average lifetime/ns	c^2
$P25_m$	$t_1 = 0.267$	$B_1 = 0.24$	0.954	1.022
	$t_2 = 6.104$	$B_2 = 0.0014$		
0.5% $CuTCPP/P25_m$	$t_1 = 0.197$	$B_1 = 0.313$	1.922	1.174
	$t_2 = 8.93$	$B_2 = 0.0017$		

图6-19是P25、P25$_m$和CuTCPP/P25$_m$紫外可见漫反射光谱图(DRS)。从光谱中可以看出:与商业P25相比,水热处理后的P25$_m$吸收边发生明显红移,表明水热处理可以使P25的光吸收能力增强。CuTCPP/P25$_m$复合材料在可见光区域(400~700nm)出现较强的吸收峰,强度最强的在543nm的峰值处,强度较小峰值为413nm,这是金属卟啉的特征吸收峰,证明复合材料被成功的制备。

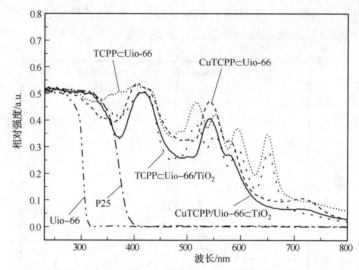

图6-19 P25、P25$_m$和CuTCPP/P25$_m$的紫外可见光漫反射光谱图

CuTCPP/P25$_m$复合材料漫反射光谱显示CuTCPP和P25$_m$的共同的吸收特征,两者之间相互作用可以更有效地利用太阳光激发产生光生电子和空穴。通过时间分辨荧光光谱可以知道样品的荧光寿命,如表6-1所示。可知样品的平均寿命从P25$_m$的0.954ns增加到0.5% CuTCPP/P25$_m$的1.522ns,表明复合材料增加了光生电子和空穴的分离效率。

6. 光电性能测试(PEC)

测试过程中用0.5 M Na_2SO_4作为电解质,所有样品测量过程中背面照光且保持有效面积为1cm^2,用型号为CEL-HXF300 300W 氙灯为光源。为了讨论CuTCPP对P25$_m$电荷分离效率的影响,分别对P25$_m$和0.5%CuTCPP/P25$_m$进行光电性能测试如图6-20所示。图6-20(a)中是P25$_m$和0.5%CuTCPP/P25$_m$的瞬态光电流响应曲线。由图可知,当光照时,瞬态光电流明显增强,这是由于在光照的条件下,光激发产生了相比无光照条件下更多的光生电子-空穴对。相同条件下CuTCPP/P25$_m$比P25$_m$具有更高的电流密度,CuTCPP可有效的促进电子空穴的生成以及有效的分离。图6-20(b)、(c)是P25$_m$和0.5%CuTCPP/P25$_m$的电化学阻抗奈奎斯特图(EIS),由此可以进一步探索电极在电解液中电荷转移的电阻和光生电子空穴的分离效率。通过阻抗图对比发现:相同条件下,CuTCPP/P25$_m$的电弧半径比P25$_m$小,说明CuTCPP/P25$_m$电极具有更小的电荷转移电阻,证明CuTCPP/P25$_m$具有更高的光生载流子分离效率和电荷转移速率。相同的电极条件下,光照比不光照电极阻抗值更小,说明光照条件下电荷分离效率更高。由此可知CuTCPP/P25$_m$具有更高的光催化效率。

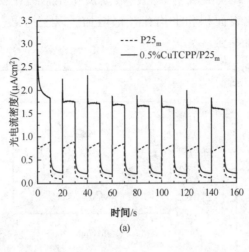

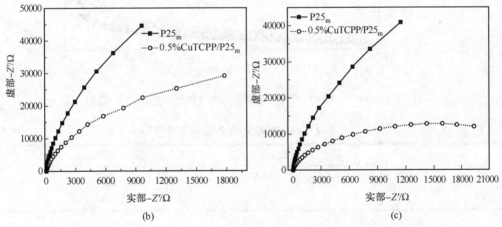

图6-20 P25$_m$和CuTCPP/P25$_m$的光电流性能测试(a),不光照(b)与光照(c)条件下的电化学阻抗奈奎斯特图

7. 氮气吸脱附曲线分析

图6-21显示了P25和P25$_m$氮气吸附-脱附的等温线和孔径分布图。根据BDDT经典理论可以看出,两个样品都显示出H3型滞后曲线,给出证明样品中

存在中孔(2~50nm)。观察到的滞后曲线中相对压强接近 $P/P_0=1$，表明样品中存在大孔(>50nm)。孔径分布(插图)表明孔径分布范围从 20 到 100nm 区间内。事实上，P25 粉末是通过在氢火焰中水解 $TiCl_4$ 生产制备的，单个 TiO_2 微晶中并不存在孔结构。因此在制备的样品中观察到孔隙结构中可归因于 TiO_2 微晶的团聚。换句话说，平均孔径的变化可能与 TiO_2 微晶聚集程度有关。在水热处理后，可以观察到较大孔(10~100nm)的孔体积明显增加处理，这是由于形成较大的 P25 微晶的团聚。氮气吸脱附等温线数据及孔径总结在表 6-2 中，和水热之前 P25 相比，$P25_m$ 比表面积和平均孔径都增加。以上结果，与透射电镜中观察到 $P25_m$ 团聚程度增加一致。

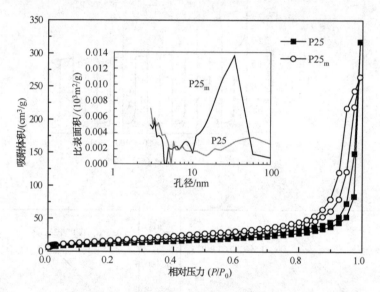

图 6-21　P25 和 $P25_m$ 的氮气吸附-脱附等温曲线和相应的孔径分布图(内置)

表 6-2　P25 和 $P25_m$ 比表面积和孔径

样　品	$S_{BET}/(m^2/g)$	孔径/nm
P25	40.573	4.55
$P25_m$	54.207	34.33

8. 光致发光光谱(PL)分析

图 6-22 是 P25、$P25_m$、CuTCPP、CuTCPP/P25、CuTCPP/$P25_m$ 复合材料的光致发光光谱图。电子和空穴复合是会产生荧光，因此光致发光光谱可以判断电子和空穴的分离效率。从图中可以看出，金属卟啉 CuTCPP 具有很强的荧光淬灭能力，与 P25 及 $P25_m$ 复合后，使复合材料荧光强度明显降低，说明复合材料光生电子空穴分离能力增强。CuTCPP/P25 与 CuTCPP/$P25_m$ 相比，CuTCPP/$P25_m$ 荧

光强度更低,证明水热处理P25表面羟基增多,可以吸附更多CuTCPP,荧光淬灭能力更强。

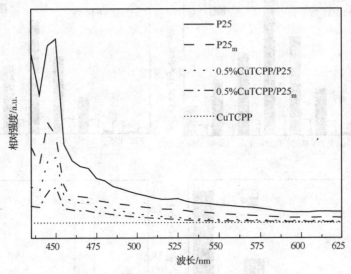

图6-22 P25以及复合材料的光致发光光谱图

6.3.3 光催化CO_2还原性能测试

首先,向容量约为50mL不锈钢光催化反应器中加入2mL蒸馏水,然后准确称取0.1g待测样品均匀铺满称量瓶(40mm×25mm)的底部,再将称量瓶放入光催化反应器中。密封反应器后,对反应器进行抽真空处理除去反应器中的空气,用高纯度CO_2气体对光催化反应器进行,该步骤重复三次,以保证反应器中的杂质气体排除干净,减少实验误差。最后打开循环冷却系统,紧密关闭反应器的入口阀和出口阀,并将反应器放置在300W氙灯下照射。光催化反应持续光照一小时后,用气体注射器抽取气体注入气相色谱,采用火焰离子化检测器(FID)进行定量测定还原产生CO和CH_4的含量。在光催化反应进行的过程中,反应器由始至终保持密封且保持压力恒定,循环冷却系统使反应器保持在室温状态下进行。

为了讨论CuTCPP对P25和$P25_m$光催化活性的影响,分别对一系列0.1%、0.3%、0.5%、1%、1.5%和2%的CuTCPP/P25及CuTCPP/$P25_m$进行催化还原性能表征,如图6-23(a)、(b)所示。性能测试结果表明CuTCPP敏化P25还原CO_2的主要产物是CH_4,并伴有少量的CO。为了对比,分别对纯样进行性能测试表明,P25的产率为0.27μmol/(g·h)的CH_4和0.75μmol/(g·h)的CO,$P25_m$的产率为0.42μmol/(g·h)的CH_4和1.7μmol/(g·h)的CO,表明水热处理有助于

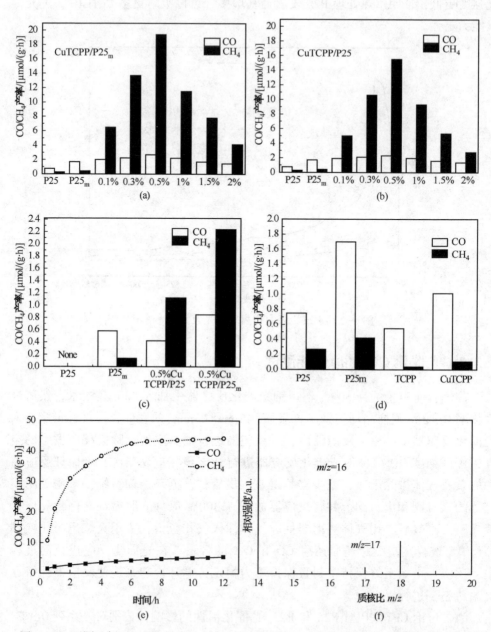

图6-23 不同比例下 CuTCPP/P25 和 CuTCPP/P25$_m$ 在300W 的氙灯下光照1h产 CO/CH$_4$ 的量(a,b),波长大于400nm 光照下样品催化活性(c),氙灯下 TCPP 和 CuTCPP 催化活性(d),0.5% CuTCPP/P25$_m$ 在线氙灯下连续光照12h产 CO/CH$_4$ 的量(e),用 $^{13}CO_2$ 追踪 0.5%CuTCPP/P25$_m$ 连续光照2h产标记CH$_4$ 的 MS 图(f)

提高P25的光催化活性。0.5%CuTCPP/P25在300W Xe灯照射下，还原产率为15.5μmol/(g·h)的CH_4和2.3μmol/(g·h)的CO。相同条件下0.5%CuTCPP/$P25_m$具有更高的还原产率CH_4为19.39μmol/(g·h)，CO为2.68μmol/(g·h)。从图中可以看出，随着敏化剂的比例的增加，还原产率逐渐增加，当敏化剂的比例为0.5%时，出现最大还原产率，之后随着CuTCPP量的不断增加，产率逐渐降低。出现以上现象可能的原因是，敏化剂可以有效地提高P25的光催化活性，当还原反应主要在P25的表面进行，过量的CuTCPP可能导致其表面活性位点减少，从而影响光催化活性。

图6-23(c)在氙灯光源处加上波长大于400nm的滤波片，检测其在可见光下光催化作用与氙灯光源相比，催化活性明显降低。但是在相同条件下，敏化剂依然提高了复合材料的光催化活性。性能测试表明，0.5%CuTCPP/$P25_m$光照下产CH_4的速率为2.24μmol/(g·h)，产CO的速率为0.85μmol/(g·h)，相比P25催化活性有明显提高。为了排除干扰，在氙灯下，单独的TCPP或CuTCPP的催化活性同样被测试，其单独的催化活性比P25更弱[图6-23(d)]。为了检测催化剂的稳定性，对0.5%CuTCPP/$P25_m$复合材料连续光照12小时检测其光催化活性[图6-23(e)]。测试结果表明，连续光照条件下，CH_4和CO产量持续增加，表明催化剂始终保持光催化活性。同时可观察到，前6h增长速率较大，后期逐渐减慢，可能是连续光照部分敏化剂失活，使其催化活性降低。对反应后的催化剂进行红外表征表明，谱图基本保持不变，证明催化剂具有较好的稳定性。图6-23(f)是对0.5%CuTCPP/$P25_m$通入的碳源$^{13}CO_2$，进行^{13}C标记的同位素追踪实验，然后检测还原产物中是否含有$^{13}CH_4$，以证明通入的$^{13}CO_2$气体被还原，验证通入的CO_2是还原反应的碳源。

6.3.4 光催化机理分析

根据以上的讨论结果，在300W氙灯下，CuTCPP/$P25_m$光催化CO_2还原可能的机理如下(图6-24)：氙灯光照时，复合材料中的敏化剂CuTCPP和$P25_m$均可被激发以产生电子和空穴。同时，CuTCPP的LUMO位置比$P25_m$的导带(CB)位置更负，而$P25_m$的价带(VB)位置比CuTCPP的HUMO的位置更正。因此，CuTCPP受光照产生的光生电子转移到$P25_m$的CB，并在$P25_m$的CB参与还原反应，还原产生CH_4和CO。另外，$P25_m$价带上的光生空穴可以迁移到CuTCPP的HUMO位置，然后与H_2O发生氧化反应生成H^+，为光催化反应中产生CH_4的提供反应物。若只用可见光照射CuTCPP/$P25_m$，则只有CuTCPP可以被激发产生光生电子，而$P25_m$无法响应可见光。同样CuTCPP的LUMO上的光生电子也是能够转移到二氧化钛的 CB 上，从而参与光催化还原 CO_2 的反应。相比之下，前者产生更多的光生电子，因此电荷分离率更高，光催化活性更高。

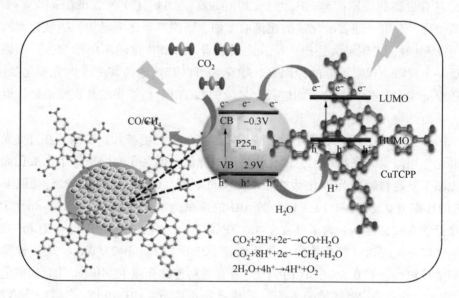

图 6-24 CuTCPP/$P25_m$ 光催化 CO_2 还原产 CH_4/CO 的机理图

6.3.5 结果的讨论与分析

（1）本部分利用水热法对商业 P25 进行处理使其表面羟基化，然后通过回流的方法负载不同比例的金属卟啉 CuTCPP 复合材料 CuTCPP/$P25_m$。样品分别标记为 0.1%、0.3%、0.5%、1%、1.5%、2%CuTCPP/$P25_m$。

（2）利用 XRD、SEM、TEM、FT-IR、XPS、DRS、PEC、BET、PL 等对材料进行一系列表征，证明复合材料 CuTCPP/$P25_m$ 成功制备。

（3）对不同比例的 CuTCPP/$P25_m$ 复合材料进行了光催化 CO_2 还原性能测试，通过测试结果表明 0.5%CuTCPP/$P25_m$ 具有最优的光催化 CO_2 还原产甲烷活性。结果表明，在 300W 氙灯的照射下，0.5% CuTCPP/$P25_m$ 复合材料光催化产甲烷的活性可达 19.39μmol/(g·h)。

（4）提出了复合材料 CuTCPP/$P25_m$ 光催化 CO_2 还原体系可能的催化机理并进行了分析和讨论。敏化剂 CuTCPP 有效的提高了 $P25_m$ 电子空穴分离效率，使其光催化活性明显提高。在光源照射下，CuTCPP/$P25_m$ 比 $P25_m$ 产生更多的光生电子，响应光的波长范围更广，因此光催化 CO_2 还原能力增强。

6.4 CuTCPP⊂UiO-66/TiO₂复合材料的光催化CO_2还原性能研究

UiO-66 由金属锆簇 Zr_6 为金属中心构成次级结构单元(SBU)和 1,4-对苯二羧酸(BDC)为骨架组成。随着由线性连接子 BDC 连接的连接簇的形成，可以获得具有底层拓扑结构的 3D 单节点框架。UiO-66 中心金属簇结构在配位时会同时与 12 个配体分子相连接，是已知 MOF 中配位数最高的一种类型。尽管如此，$Zr_6SBU(Zr_6O_4(OH)_4)$ 通常不能接受来自 BDC 骨架的电子。光照射时，由于 UiO-66 中 Zr_6SBU 的氧化还原势能高于 BDC 配体的 LUMO，从而降低了其接受电子能力。为了在能带结构中产生新的能级，混合配体 MOF 被引入并在 MOFs 中发挥更广泛的应用。Cu(Ⅱ)四(4-羧基苯基)卟啉(CuTCPP)，结构中包含一个共轭的大环结构，通常作为光捕获剂使用。另外，CuTCPP 也被用作混合配体之一与另一种配体一起与金属结合，从而产生具有增强光吸收能力的 MOF。有趣的是，在加入混合配体 CuTCPP 和 BDC 之后，UiO-66 的晶体结构和形态可以完美地保持并与 Zr_6SBU 共同配合构建新的 MOF 结构，记为 CuTCPP⊂UiO-66(CTU)。值得注意的是，将 CuTCPP 引入 UiO-66 在光催化应用中具有重要意义，因为它不仅可以防止 CuTCPP 自身聚集形成二聚体使催化剂失活，而且与单纯的 UiO-66 相比光吸收能力明显增强。目前，功能化的 MOF 作为催化剂已被广泛应用于光催化产氢，有机污染物的降解以及光催化剂 CO_2 还原等光催化技术中。

TiO_2 是一种典型的半导体催化剂，其中光催化 CO_2 还原是其广泛应用技术之一。然而，TiO_2 光生电子和空穴的快速复合，以及对 CO_2 的吸附能力较低使其催化性能受到限制。为了解决这个问题，一种有效的方法是通过 MOF 结构和 TiO_2 的结合来构建异质结提高光催化活性。引入 MOF 结构不仅可以改进 CO_2 的吸附量和减少 TiO_2 纳米颗粒的团聚，还可以实现光催化过程中产生更多的光生电子。因此，我们通过原位水热法将混合配体 CuTCPP 和 BDC 引入功能化结构 CTU 中与 TiO_2 纳米颗粒结合，从而形成金属有机骨架和无机半导体 CTU/TiO_2 纳米异质结。

6.4.1 制备和分析方法

TiO_2 的制备：将 5mL 钛酸四丁酯加入装有 10mL 乙醇溶液的圆底烧瓶中在冰浴的条件下持续机械搅拌 1h。随后，以 1∶4 的体积比配制水和乙醇的混合溶液

6mL。待搅拌时间截止后,将混合溶液逐滴加入圆底烧瓶中并继续搅拌 1h。搅拌完成后将混合溶液转移至 50mL 聚四氟乙烯内衬里,放置在钢制高压釜中密封。在 180℃下烘箱中水热 12h,并自然冷却至室温。离心分离,并用水和乙醇洗涤多次。将白色固体产物在 80℃下过夜干燥,研磨得到白色固体粉末。

CuTCPP⊂UiO-66(CTU)的制备:将 30mg 四氯化锆($ZrCl_4$),30mg 对苯二甲酸(BDC),10mg CuTCPP 和 0.5g 苯甲酸依次加入到装有 2mL DMF 溶液的烧杯中,并持续搅拌。搅拌 30min 后,超声 10min,再将混合液转移至 50mL 聚四氟乙烯内衬中,放入钢制高压釜中密封,设置烘箱温度 130℃,保持加热 12h。冷却至室温后,离心分离得到红色固体。将固体分别用 DMF 和丙酮洗涤多次,然后在 80℃的烘箱中干燥 12h。UiO-66 以及 TCPP⊂UiO-66(TU)的合成与上述所示的过程类似,除配体稍有不同外。

CuTCPP⊂UiO-66/TiO_2(CTU/TiO_2)的制备:通过原位水热法一步制备 CTU/TiO_2 复合材料,其制备过程类似于 CTU 的合成,如图 6-25 所示。首先,将不同质量的 TiO_2 纳米粒子溶解在 2mL DMF 溶液中并持续搅拌。同时,依次向溶液中加入 30mg $ZrCl_4$,30mg BDC,10mg CuTCPP 和 0.5g 苯甲酸,并在室温下搅拌 30min,然后超声一段时间。将所得溶液装入 50mL 聚四氟乙烯衬里,放入钢制高压釜中密封并在 130℃烘箱下加热 12h。自然冷却至室温离心收集最终产物,多次洗涤并在 80℃的烘箱中干燥 12h。将得到的不同质量比例 CTU/TiO_2 样品根据加入 0.2g、0.4g、0.6g 和 0.8g TiO_2 分别标记为 CTU/0.2TiO_2、CTU/0.4TiO_2、CTU/0.6TiO_2 和 CTU/0.8TiO_2。

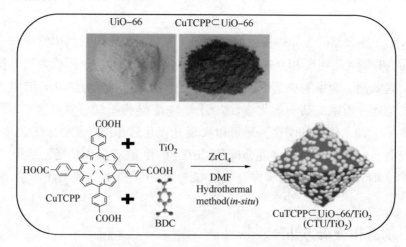

图 6-25　CuTCPP⊂UiO-66/TiO_2 样品的制备示意图

6.4.2 材料表征分析

1. X-射线衍射仪(XRD)

图 6-26 是所有样品的 X-射线衍射(XRD)图。图 6-26(a)是 UiO-66 和 CuTCPP⊂UiO-66 的 XRD 图,从图中可看到通过晶体软件模拟 UiO-66 的 XRD 衍射峰,XRD 仪器检测实验制备 UiO-66、CuTCPP⊂UiO-66 的 XRD 衍射峰基本相同,证明配体 CuTCPP 加入并未改变 UiO-66 的晶体结构。图 6-26(b)是 TiO_2 纯样以及一系列复合材料的 XRD 图。由图可知,单纯的 TiO_2 只存在锐钛矿一种晶型。CTU/TiO_2 复合材料中除了存在 TiO_2 锐钛矿的锐钛矿衍射峰外,在 7.17°和 8.35°出现 CTU 的特征衍射峰。同时随着 CTU 的质量比的减小(TiO_2 质量比增加),复合材料中 CTU 的特征衍射峰强度逐渐减弱,更进一步的证明复合材料 CTU/TiO_2 材料的成功制备。

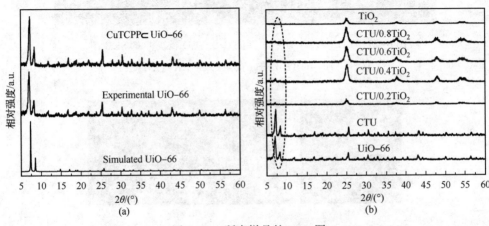

图 6-26 所有样品的 XRD 图

2. 扫描电镜(SEM)和透射电镜(TEM)分析

图 6-27 是通过 SEM 和 TEM 对材料 TiO_2、CTU 和 CTU/0.6TiO_2 的形貌和微观结构进行了表征。图 6-27a 是纯的 TiO_2 纳米颗粒 SEM 图,观察到 TiO_2 呈现出纳米球形的形貌且团聚明显。图 6-27b 是纯 CTU 的 SEM 图,可以看出 CTU 为八面体形貌且表面光滑。从图 6-27c~e 为 CTU/0.6TiO_2 的 SEM 和 TEM 图观察可知,尽管仍然存在部分 TiO_2 纳米颗粒的自聚,但部分 TiO_2 均匀地分布在 CTU 的表面上,表明与 CTU 复合可以有效地减少 TiO_2 纳米颗粒的团聚。图 6-27f 是 TiO_2 的 HR-TEM 图,可以观察到明显的晶格条纹,测量计算可知其晶格间距为 0.35nm,对应于锐钛矿{101}晶面。HR-TEM 测试结果与上述 TiO_2 的 XRD 结果都证明制备的 TiO_2 为锐钛矿晶型。图 6-28 是 CTU/0.6TiO_2 的 EDS 图和元素分布图,证明 CTU/0.6TiO_2 纳米复合材料由 Zr、Cu、Ti、O、N 和 C 元素组成。

图 6-27　TiO_2(a)、CTU(b)和 CTU/0.6TiO_2(c, d)的 SEM 图，
CTU/0.6TiO_2的 TEM 图(e)，TiO_2的 HR-TEM 图(f)

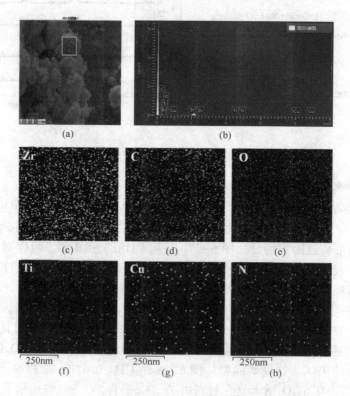

图 6-28　CTU/0.6TiO_2的 EDS 谱和元素扫描分布图

3. 傅立叶变换红外光谱(FT-IR)分析

图6-29(a)是对样品UiO-66、TCPP⊂UiO-66(TU)和CuTCPP⊂UiO-66(CTU)的傅立叶变换红外(FT-IR)光谱的测试图。Cu—N和—COOH的拉伸振动峰可能归属于对苯二甲酸或卟啉结构中的羧酸,表明在制备的结构中存在CuTCPP化合物。所有样品中位于3430cm^{-1}的宽峰可归因于羟基的振动,这代表了样品中可能存在结合水和游离水。与纯的UiO-66谱图相比,CTU复合物的光谱图基本保持不变,表明引入TCPP或CuTCPP配体,CTU相对于UiO-66的骨架结构不受影响。位于1660cm^{-1}和1596cm^{-1}处的振动峰可归因于羧基的不对称振动,而在1506cm^{-1}和1410cm^{-1}处的信号峰可以归因于羧基的对称振动峰。对称振动和不对称振动之间的差值[$\Delta \nu = \nu_{as}(COO) - \nu_s(COO)$]分别是154cm^{-1}和186cm^{-1},表明CTU金属框架通过桥联的方式配位。其中当铜金属Cu^{2+}离子进入TCPP分子环中时,这种铜金属配位加强了氮环的振动变形,从而在峰值处产生Cu—N伸缩振动特征。在图6-29(b)中CTU、TiO$_2$和CTU/0.6TiO$_2$,在1660cm^{-1}和1596cm^{-1}处检测到弱的振动峰,它可以归因于BDC或卟啉中的羧基—COOH的拉伸振动。

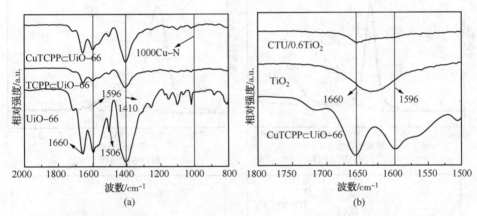

图6-29 UiO-66、TCPP⊂UiO-66和CuTCPP⊂UiO-66的FT-IR图(a)与
CTU/0.6TiO$_2$、TiO$_2$和CuTCPP⊂UiO-66的FT-IR图(b)

4. X-射线光电子能谱(XPS)分析

对样品进行XPS数据的分析可以提供关于被测样的组成和元素的化学价态信息(图6-30)。对CTU/0.6TiO$_2$表面的XPS分析表明,样品中C、Cu、N、O、Ti和Zr的原子百分比分别为48.47%、0.47%、1.51%、34.87%、11.11%和3.58%。C 1s谱如图6-30(a)所示,通过在284.7eV和288.5eV处可以明显地观察到两个峰的位置,其可归因于样品中的羧酸碳、羰基碳和C═C键。如图6-30(b)所示,Zr 3d的XPS曲线可以被检测为Zr 3d5/2和Zr 3d3/2的两个结合能

的峰，分别在 182.7eV 和 185.2eV 左右，这表明存在 Zr^{4+} 价态。如图 6-30(c) 所示，出现两个结合能的峰在 458.8eV、464.5eV 分别对应于 Ti $2p_{3/2}$ 和 Ti $2p_{1/2}$ 结合能峰与之前报道的有关文献 TiO_2 的数据非常一致。图 6-30(d) 为 O 1s 结合能谱

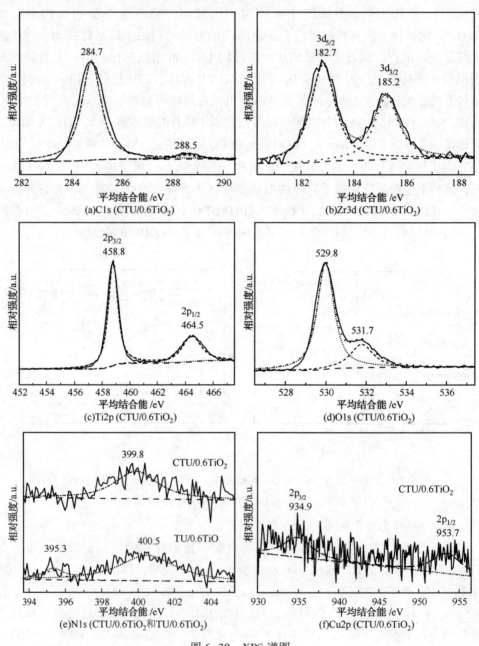

图 6-30　XPS 谱图

给出了529.8eV和531.7eV的两个峰,这意味着所有复合材料中都存在O原子。图6.30e显示了CTU/0.6TiO$_2$和TU/0.6TiO$_2$的N 1s结合能的峰,前者只在399.8eV处出现一个峰,后者出现两个峰分别在400.5eV和395.3eV处。然而,由于复合物中这两种元素的含量较少,N和Cu的结合能峰的强度较弱。样品CTU/0.6TiO$_2$和TU/0.6TiO$_2$相比,前者Cu离子与4个N原子发生配位后,氮原子只出现一个结合能峰,这可归因于空间化学环境对称性的变化。图6-30(f)表明Cu 2p$_{3/2}$和Cu 2p$_{1/2}$分别位于934.9eV和953.7eV,以上测试数据更进一步证明了CTU的成功制备。

5. 紫外-可见漫反射(DRS)分析

图6-31(a)是所有样品的紫外-可见漫反射光谱图(DRS),用以检测样品的光吸收能力。从谱图中可以观察到将CuTCPP引入UiO-66后,CTU吸收边发生明显红移,表明CuTCPP作为光捕获剂能够有效提高CTU的光吸收能力。与TiO$_2$吸收边相比,CTU/TiO$_2$复合材料的吸收边几乎没有移动。但是,复合后的样品在可见光区域吸收强度明显增加,在可见光区出现了卟啉特有的吸收峰。在TU/TiO$_2$漫反射图中,可见光区有5个吸收峰,分别为S带和Q带吸收峰。然而,当TCPP中Cu^{2+}离子与氮原子的配位后引入CTU,导致CTU/TiO$_2$的空间对称性增强,表现为可见区域中Q带仅有一个吸收峰。图6-31(b)是所有样品的禁带宽度曲线,通过截取$(Ah\nu)^2$与光子能量的切线用于估计样品的带隙能量。CuTCPP在纳米复合材料的光吸收特性中发挥着重要作用,导致CTU与TiO$_2$复合后,CTU的带隙相比于UiO-66明显减小,为1.66eV。与TiO$_2$相比CTU/TiO$_2$的带隙明显减少为2.59eV。纯UiO-66或TiO$_2$在可见光区域基本没有吸收可归因于它们大的带隙能分别为3.87eV和3.05eV。因此,通过引入混合配体的方法将CuTCPP与UiO-66结合可以引入新的能级,从而使UiO-66的禁带宽度变窄。

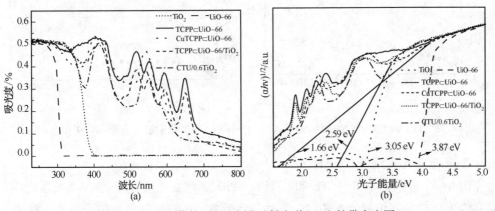

图6-31 样品的紫外-可见光漫反射光谱(a)和禁带宽度图(b)

6. 光电性能测试(PEC)

图 6-32 分别对 TiO$_2$ 和 CTU 进行光电性能测试,进一步讨论 CTU 对 TiO$_2$ 电荷分离效率的影响。图 6-32(a)中分别是 TiO$_2$ 和 CTU/0.6TiO$_2$ 的光电流-时间(I-t)曲线。由图可知,与 TiO$_2$ 相比 CTU/0.6TiO$_2$ 的瞬态光电流明显增强,表明相同条件下,复合材料能够有效抑制光生电子空穴的分离。图 6-32(b)、(c)是 TiO$_2$ 和 CTU/0.6TiO$_2$ 的电化学阻抗图(EIS),由图中电弧半径的大小,可以进一步探索电极在电解液中电荷转移的电阻,进而判断光生载流子的分离效率。通过阻抗图我们发现:无论是在光照还是不光照条件下,CTU/0.6TiO$_2$ 的电弧半径都比 TiO$_2$ 的小,可知 CTU/0.6TiO$_2$ 具有更高的电荷转移速率和电子空穴分离效率。同一电极中,光照比不光照条件下阻抗值更小,表明光照时电极的电荷分离效率更高。由此可知复合材料 CTU/0.6TiO$_2$ 能够有效提高光催化活性。

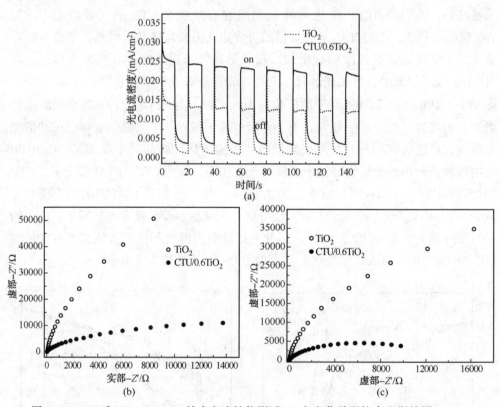

图 6-32　TiO$_2$ 和 CTU/0.6TiO$_2$ 的光电流性能测试(a)和电化学阻抗奈奎斯特图(b,c)

7. 光致发光光谱(PL)分析

图 6-33 是样品 TiO$_2$、CTU 和 CTU/0.6TiO$_2$ 光致发光(PL)光谱,荧光强度能够有效地反应光催化剂的电子和空穴的分离效率。由测试结果可知,纯 TiO$_2$ 荧光

强度最高，CTU/0.6TiO$_2$的荧光强度介于CTU和TiO$_2$两者之间，这说明CTU/0.6TiO$_2$复合体系能够有效地提高光生载流子分离效率，从而提高催化剂的光催化活性。通常平均荧光寿命被认为是评估电子空穴分离的有效措施。因此，图6-34为对TiO$_2$和CTU/0.6TiO$_2$进行时间分辨荧光光谱，测定其平均荧光寿命。结果表明，从TiO$_2$到CTU/0.6TiO$_2$的荧光寿命增加了0.16ns，进一步证实了CTU对光生载流子的分离有促进作用。

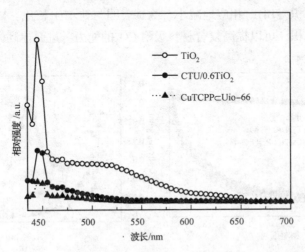

图6-33　样品TiO$_2$、CTU和CTU/0.6TiO$_2$的光致发光谱

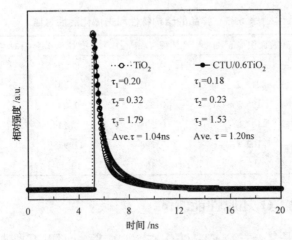

图6-34　TiO$_2$和CTU/0.6TiO$_2$的时间分辨荧光光谱

8. 氮气吸脱附曲线分析

图6-35(a)是TiO$_2$、CTU和CTU/0.6TiO$_2$样品的N$_2$吸附-脱附曲线以及孔径分布图。结果表明在77K下，CTU的样品呈现Ⅰ型等温线，没有滞后现象出现，

说明了CTU是典型的微孔结构。图6-35(b)是CTU的Horvath-Kawazoe(HK)孔径分布图,作图可知三个主要孔径分别在1.48nm、1.99nm和3.53nm处产生。CTU的表面积和孔体积分别为1023.1m^2/g和0.573cm^3/g。纯TiO_2在相对压力较高的范围内显示Ⅳ型等温线,表明样品中存在中孔结构,其主要归因于TiO_2纳米颗粒的团聚。TiO_2的比表面积和孔体积分别为94.2m^2/g和0.164cm^3/g。CTU和TiO_2复合后与TiO_2相比比表面积增加(表6-3)。随着CTU相对含量的逐渐减少,复合材料的表面积(S_{BET})相应地减小。测试表明与纯TiO_2相比,MOF结构可以提供更大的比表面积,可以提高复合材料吸附CO_2的能力,进而提高光催化活性。

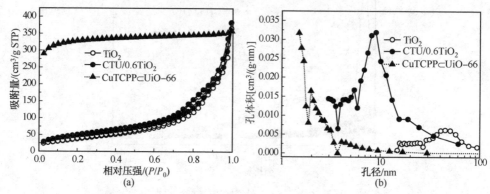

图6-35　TiO_2,CTU/0.6TiO_2和CTU的氮气吸附-脱附等温曲线(a)及孔径分布图(b)

表6-3　样品的结构特性和光催化活性总结

样品	比表面积/(m^2/g)	孔体积/(cm^3/g)	孔径/nm	CO产率/[μmol/(g·h)]
CuTCPP⊂UiO-66	1023.1	0.573	1.686	1.09
CTU/0.2TiO_2	215.2	0.398	5.18	12.34
CTU/0.4TiO_2	196.7	0.323	7.09	21.89
CTU/0.6TiO_2	177.0	0.305	8.14	31.21
CTU/0.8TiO_2	162.8	0.298	11.973	21.93
TiO_2	94.2	0.164	13.59	4.4

6.4.3　光催化CO_2还原性能测试

图6-36(a)是复合材料CTU/TiO_2在300W Xe灯照射下光催化CO_2还原性能图。负载不同量的TiO_2纳米颗粒的复合材料CO_2转化速率出现先增加后减小的趋势。性能测试表明与纯TiO_2相比,所有CTU/TiO_2样品都显示出较强的光催化还原活性。在制备的所有复合材料中,CTU/0.6TiO_2的催化速率最佳,产率分别为31.32μmol/(g·h)的CO和0.148μmol/(g·h)的CH_4。就还原产物CO的产率而

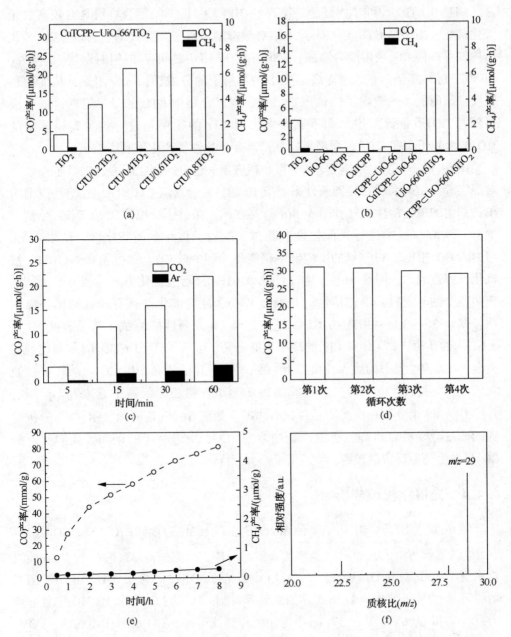

图6-36 TiO$_2$和不同比例CTU/TiO$_2$光催化还原产CO/CH$_4$性能图(a),一系列空白实验的光催化性能图(b),CTU/0.6TiO$_2$在CO$_2$和Ar气氛中催化还原产CO的性能图(c),CTU/0.6TiO$_2$循环性能测试(d),CTU/0.6TiO$_2$连续光照8h性能图(e)和用^{13}CO$_2$追踪CTU/0.6TiO$_2$连续光照2h产标记CO的MS图(f)

言，CTU/0.6TiO$_2$比纯TiO$_2$还原产率高约7倍。CTU/TiO$_2$复合材料具有较高的光催化活性，主要是CTU与TiO$_2$异质结有效抑制了电子和空穴的复合以及MOF孔结构的存在使CO$_2$吸附能力增强，同时TiO$_2$和CTU之间存在的协同效应。此外，与MOF材料复合，有效地提高了TiO$_2$纳米粒子的分散性，减少团聚，从而为还原反应暴露更多的表面活性位点。因此，当复合物中CTU的量一定时，催化活性随着TiO$_2$质量比的增加而不断增大，当TiO$_2$的比例超过一定量时，多余的TiO$_2$纳米粒子会在CTU表面聚集，并对其光催化性能产生不利影响。

图6-36(b)是为了比较复合材料和相应单一组分的催化能力，进行了一系列对照实验。结果表明在相同条件下反应1h后，复合材料CTU/TiO$_2$比CTU或TiO$_2$单独催化的催化活性更好。图6-36(c)是在同一条件下，将CTU/0.6TiO$_2$分别置于CO$_2$和Ar气氛中进行光催化性能测试，以验证催化剂的稳定性。结果表明，与通入CO$_2$相比，Ar气氛的反应器中仍能检测到少量CO，这可能是部分CTU被氧化分解造成的。图6-36(d)是对CTU/0.6TiO$_2$进行光催化循环性能测试，结果表明四个循环之后其催化活性降低幅度较小，证明催化剂具有较好的循环稳定性。图6-36(e)是对CTU/0.6TiO$_2$进行连续8h光照性能测试，结果表明CTU/0.6TiO$_2$的还原产物CO和CH$_4$的产率不断升高，表明CTU/0.6TiO$_2$的光催化剂在整个8h实验过程中始终保持光催化活性。为了验证还原产生CO的碳源来自通入的CO$_2$，我们进行了同位素追踪实验的测试。向还原仪器中通入^{13}CO$_2$气氛，并用GC-MS来分析还原产物是否含有^{13}CO。如图6-36(f)所示，GC-MS分析得到的m/z=29可以得知，还原产物中含有^{13}CO，更进一步的证明，我们通入的CO$_2$是发生还原反应的碳源。

6.4.4 光催化机理分析

图6-37分别是CTU和TiO$_2$的Motty-Schottky(M-S)曲线。CTU和TiO$_2$的M-S曲线斜率都为负值，表明两者都是n型半导体。根据图6-37(a)中的M-S曲线斜率做切线可知，CTU相对于Ag/AgCl电极的平带电位约为-0.6V。由DRS图做切线可知CTU带隙值为1.66eV，因此计算可知CTU的LUMO和HOMO位置分别为-0.6V和1.06V。图6-37(b)中的曲线作切线可知，TiO$_2$的平带电位为-0.3V，由DRS可知其带隙值为3.05eV。因此，可得TiO$_2$的价带(VB)电位为2.75V。CTU的LUMO位置相比TiO$_2$的CB位置更负，因此可知CTU和TiO$_2$可以构成Ⅱ型(n-n)异质结，可以有效地促进电子-空穴对的分离。

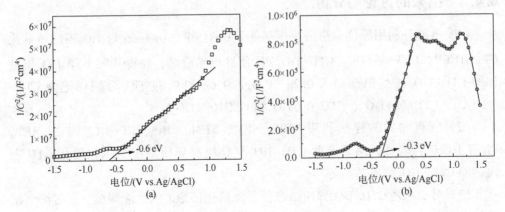

图 6-37 CTU 和 TiO_2 的 M-S 曲线

基于上述表征和光催化性能测试结果，我们提出了 CTU/TiO_2 可能的光催化反应机理和异质结构中有效电子-空穴分离示意图如图 6-38 所示。当 300W 的 Xe 灯照射在催化剂表面时，CTU 和 TiO_2 都被激发产生电子和空穴。同时由于 CTU 的 LUMO 电位比 TiO_2 的 CB 电位更负，因此 CTU 的 LUMO 上的光生电子能够直接转移到 TiO_2 的 CB 中，在 TiO_2 的 CB 上发生还原反应。而 TiO_2 的 VB 上的空穴则转移至 CTU 的 HOMO 位置，同时发生氧化反应，可将 H_2O 氧化产生 $\cdot OH$ 自由基，并进一步释放 O_2 和 H^+。CTU/TiO_2 复合材料有效地促进了电子空穴的分离，延长了光生载流子的寿命，有效地提高了光催化 CO_2 还原活性。

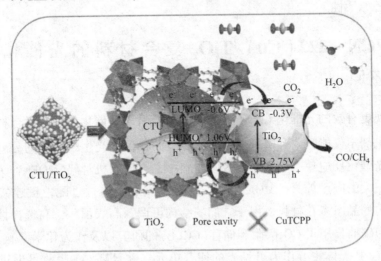

图 6-38 CTU/TiO_2 复合材料的光催化 CO_2 还原机理图

6.4.5 结果的讨论与分析

（1）本部分利用原位水热法一步制备了CuTCPP⊂UiO-66与TiO_2不同质量比的CuTCPP⊂UiO-66/TiO_2（CTU/TiO_2）复合材料异质结，将得到的不同TiO_2质量比的CTU/TiO_2样品根据加入0.2g、0.4g、0.6g和0.8g TiO_2分别标记为CTU/0.2TiO_2、CTU/0.4TiO_2、CTU/0.6TiO_2和CTU/0.8TiO_2。

（2）所有制备的样品利用XRD、SEM、TEM、DRS、FT-IR、PEC、BET、PL等手段进行表征，结果证明CTU/TiO_2复合材料异质结中TiO_2包覆在CTU表面，即CTU/TiO_2被成功制备。

（3）对一系列CTU/TiO_2异质结进行了光催化还原CO_2性能测试，通过测试结果发现CTU/0.6TiO_2具有最高的光催化活性。当TiO_2加入量为0.6g时，复合材料CTU/0.6TiO_2的光催化CO_2还原产物的生成速率如下：CO产率为31.32μmol/(g·h)，CH_4为0.148μmol/(g·h)，复合材料光催化活性是纯TiO_2的7倍。对复合材料CTU/0.6TiO_2循环稳定性进行测试，结果证明CTU/0.6TiO_2具有较好的光催化稳定性。

（4）结合一系列表征结果对CTU/0.6TiO_2光催化机理进行了讨论分析，并提出了可能的反应机理。与纯的TiO_2相比，CTU极大地改善了TiO_2的分散性，从而提供更多的活性位点和改善捕获CO_2的能力。这项工作的结果为基于MOF与半导体材料的复合合理设计提供了新的思路，可以有效地促进光生电荷的分离提高光催化还原活性。

6.5 PCN-222(Cu)/TiO_2复合材料的光催化CO_2还原

要实现更有效的光催化CO_2还原，可以采用引入助催化剂构成复合材料的方法。助催化剂不仅能吸附和降低CO_2活化能，而且促进光生载流子的分离，从而加速反应光催化反应速率。在众多吸附材料中，金属有机骨架（MOF）作为CO_2吸附剂具有很大的应用前景。MOF是一类通过金属和配体通过配位键连接的具有周期性结构的晶态多孔材料。由于它们的结构可调，高表面积，高选择性，MOF材料被作为碳捕集用于CO_2吸附和储存（CCUS）的研究以及作为化学原料。PCN-222中的TCPP配体主要作为可见光的捕获单元，并且高CO_2吸收可促进催化中心Zr_6周围的CO_2分子的富集，从而提高光催化效率。研究表明，PCN-222中呈现出的电子陷阱状态能够有效抑制电子-空穴的复合。因此，PCN-222能够提供长寿命电子,用于光催化还原捕获的 CO_2 分子的,其活性比 H_2TCPP 配体高得多。

半导体作为光催化剂是光催化技术最广泛的研究材料。其中,TiO_2 半导体稳定性高,成本低和无毒常被用作光催化剂的基体材料,但也有其不足。由于卟啉分子具有优异的光吸收能力,且锆基 MOF 化学稳定性高,因此金属铜卟啉配体的存在使 PCN-222(Cu)具有较强的可见光吸收能力和稳定性。高度有序的结构使电子传输路径大大减小,提升了电子传导速率。PCN-222(Cu)的多孔结构有利于产生更多的活性位点和吸附 CO_2。PCN-222(Cu)/TiO_2 复合材料的协同效应可有效提高材料的光催化活性。本实验合成出一种新型 PCN-222(Cu)/TiO_2 复合光催化剂,并研究了其光催化 CO_2 还原性能,并对其可能的反应机理进行了说明。

6.5.1 制备和分析方法

TiO_2 的制备:将 5mL 钛酸四丁酯加入装有 10mL 乙醇溶液的圆底烧瓶中在冰浴的条件下持续机械搅拌 1h。随后,以 1:4 的体积比配制水和乙醇的混合溶液 6mL。待搅拌时间截止后,将混合溶液逐滴加入圆底烧瓶中并继续搅拌 1h。搅拌完成后将混合溶液转移至 50mL 聚四氟乙烯内衬里,放置在钢制高压釜中密封。在 180℃下烘箱中水热 12h,并自然冷却至室温。离心分离,并用水和乙醇洗涤多次。将白色固体产物在 80℃下过夜干燥,研磨得到白色固体粉末。

PCN-222(Cu)的制备:将四氯化锆($ZrCl_4$)10mg,一定体积比的苯甲酸合水和 10mg CuTCPP 依次加入到装有 2mL DMF 溶液的烧杯中,并持续搅拌 30min,超声 10min,再将混合液转移至 50mL 聚四氟乙烯内衬中,放入钢制高压釜中密封,设置烘箱温度 120℃,保持加热 24h。冷却至室温后,离心分离得到红色固体。将固体用 DMF 和乙醇洗涤多次,然后在 80℃的烘箱中干燥 12h。

PCN-222(Cu)/TiO_2 的制备:通过水热法制备 PCN-222(Cu)/TiO_2 复合材料,如图 6-39 所示。首先,将 0.1g TiO_2 纳米粒子溶解在 5mL DMF 溶液中并持续搅拌,随后分别加入 0.005g、0.01g、0.015g 的 PCN-222(Cu),室温下搅拌 30min,然后超声 10min。将所得溶液装入 50mL 聚四氟乙烯衬里,放入钢制高压釜中密封并在 120℃烘箱下加热 24h。自然冷却至室温离心收集最终产物,多次洗涤并在 80℃的烘箱中干燥 12h。将得到的不同质量比的 PCN-222(Cu)/TiO_2 样品根据加入 PCN-222(Cu)的质量比,分别标记为 5%、10%、15% 的 PCN-222(Cu)/TiO_2。

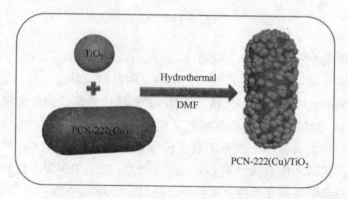

图 6-39 PCN-222(Cu)/TiO$_2$ 样品的制备示意图

6.5.2 材料表征分析

1. X-射线衍射仪(XRD)

图 6-40(a)是模拟 PCN-222 和 PCN-222(Cu)的 XRD 图,从图中可看到通过晶体软件模拟 PCN-222 的 XRD 峰与实验室制备 PCN-222(Cu)的 XRD 衍射峰一致,证明成功制备 PCN-222(Cu)的晶体结构。图 6-40(b)是 TiO$_2$ 纯样以及 PCN-222(Cu)/TiO$_2$ 复合材料的 XRD 图。由图可知,TiO$_2$ 只存在单纯的锐钛矿型。在复合材料中除了存在 TiO$_2$ 锐钛矿的锐钛矿衍射峰外,在 5°~10°出现 PCN-222(Cu)的特征衍射峰,证明复合材料 PCN-222(Cu)/TiO$_2$ 材料的成功制备。

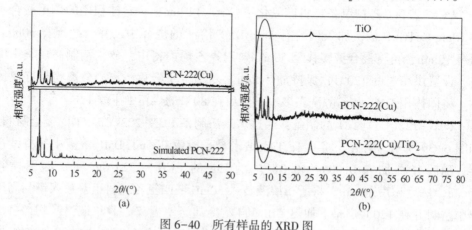

图 6-40 所有样品的 XRD 图

2. 扫描电镜(SEM)和 EDS 分析

图 6-41 是通过 SEM 电镜对材料 PCN-222(Cu)和 10%PCN-222(Cu)/TiO$_2$ 的形貌和微观结构进行了表征。图 6-41(a)是纯的 PCN-222(Cu)纳米颗粒 SEM

图,观察到 PCN-222(Cu)呈现出均匀的棒状形貌且表面光滑,类似柱形磁子的形状。图 6-41(b)是 10%PCN-222(Cu)/TiO$_2$ 复合材料的 SEM 图,可以看出 TiO$_2$ 均匀地分布在 PCN-222(Cu)的表面上,同时存在部分 TiO$_2$ 纳米颗粒的自聚,结果表明 PCN-222(Cu)与 TiO$_2$ 复合可以有效地减少 TiO$_2$ 纳米颗粒的团聚。图 6-42 是 10%PCN-222(Cu)/TiO$_2$ 的 EDS 图和元素分布图,证明 10%PCN-222(Cu)/TiO$_2$ 纳米复合材料中存在 C、O、Zr、Ti、N 和 Cu 元素。

图 6-41　PCN-222(Cu)(a)和 10%PCN-222(Cu)/TiO$_2$(b)的扫描电镜图

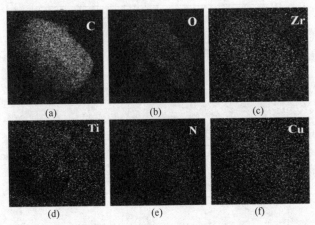

图 6-42　10%PCN-222(Cu)/TiO$_2$ 的元素扫描分布

3. 傅立叶变换红外光谱(FT-IR)分析

图 6-43 是对样品 TiO$_2$、PCN-222(Cu)和 10%PCN-222(Cu)/TiO$_2$ 的傅立叶变换红外(FT-IR)光谱的测试图。所有样品中位于 3430cm^{-1} 的宽峰可归因于羟基的伸缩振动峰,这代表了样品中可能存在结合水和游离水。Cu—N 键和吡啉结构中—COOH 的拉伸振动峰的存在,表明在制备的 PCN-222(Cu)结构中存在 CuTCPP 化合物。在图 6-43(b)中,位于 1702cm^{-1} 和 1598cm^{-1} 处的振动峰可归因于 PCN-222(Cu)中羧基的不对称振动,而在 1543cm^{-1} 和 1404cm^{-1} 处的信号峰可以归因于羧基的对称振动峰。在 1000cm^{-1} 处出现振动峰,这是铜金属配位加强了

氮环的振动变形,从而在峰值处产生 Cu—N 伸缩振动特征。图 6-43(c)中,对三种催化剂 1400~1800cm^{-1} 区间内振动峰的对比发现,相比于纯 TiO$_2$,复合材料 PCN-222(Cu)/TiO$_2$ 在此区间振动峰出现分支且强度增强,这可能归因于卟啉化合物中-COOH 振动峰,从而证明复合材料成功制备。

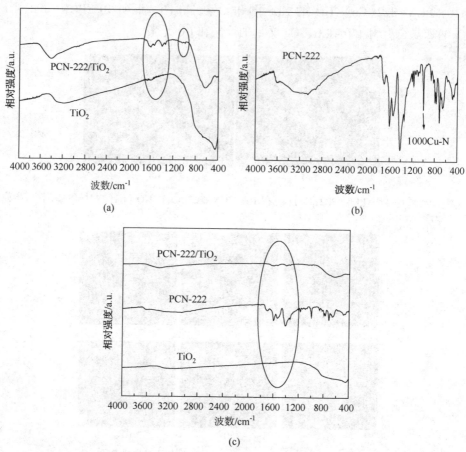

图 6-43　TiO$_2$(a),PCN-222(Cu)(b)和 10%PCN-222(Cu)/TiO$_2$(c)的 FT-IR

4. 紫外-可见漫反射(DRS)分析

图 6-44 是所有样品的紫外-可见漫反射光谱图(DRS),用以检测样品的光吸收能力。与 TiO$_2$ 吸收边相比,PCN-222(Cu)/TiO$_2$ 复合材料的吸收边没有发生移动,但在可见光区域出现明显的吸收峰,表现为卟啉特有 S 带和 Q 带的吸收峰,证明 PCN-222(Cu)和 TiO$_2$ 成功的复合在一起。图 6-44(b)是 PCN-222(Cu)的 DRS 和禁带宽度曲线,通过截取 $(Ah\nu)^{1/2}$ 与光子能量的切线用于估计 PCN-222(Cu)样品的带隙能量为 1.73eV。

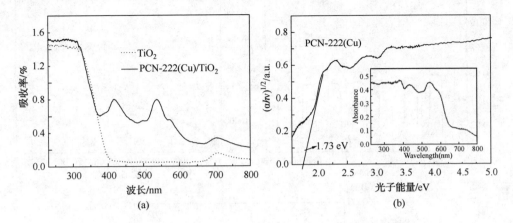

图 6-44 样品的紫外-可见光漫反射光谱(a)和禁带宽度图(b)

5. 光电性能测试(PEC)

图 6-45 分别对 PCN-222(Cu) 和 TiO_2 进行光电性能(PEC)测试,讨论 PCN-222(Cu)/TiO_2 电荷分离效率的影响。图 6-45(a)中分别是 TiO_2 和 PCN-222(Cu)/TiO_2 的 I-t 曲线。由图可知,与 TiO_2 相比,PCN-222(Cu)/TiO_2 的瞬态光电流明显增强,表明复合材料能够有效提高光生电子空穴的分离效率。图 6-45(b)及图 6-45(c)是 TiO_2 和 PCN-222(Cu)/TiO_2 的 EIS 图,由图中电弧半径的大小,可以进一步探索电极中电荷转移的电阻,进而判断光生载流子的分离效率。通过阻抗图我们发现:无论是在光照还是不光照条件下,PCN-222(Cu)/TiO_2 的电弧半径都小于 TiO_2 的电弧半径,可知 PCN-222(Cu)/TiO_2 具有更高的载流子传输速率和电荷分离效率。同一电极光照比不光照条件下阻抗值更小,表明光照时电极的电荷分离效率更高。由此可知,复合材料 PCN-222(Cu)/TiO_2 能够有效提高光催化活性。

6. 光致发光光谱(PL)分析

图 6-46 是样品 TiO_2、PCN-222(Cu) 和 PCN-222(Cu)/TiO_2 光致发光(PL)光谱,催化剂在受光激发后产生光电子和空穴,一部分电子和空穴会很快发生复合,散发出的复合能量会产生荧光,因此荧光强度能够有效地反应光催化剂的电子和空穴的分离效率。由测试结果可知,三个样品中,纯 TiO_2 荧光强度最强,PCN-222(Cu)/TiO_2 的荧光强度介于 PCN-222(Cu) 和 TiO_2 两者之间,这说明 PCN-222(Cu)/TiO_2 复合材料能够有效地提高光生电子和空穴的分离效率,从而提高催化剂的光催化活性。

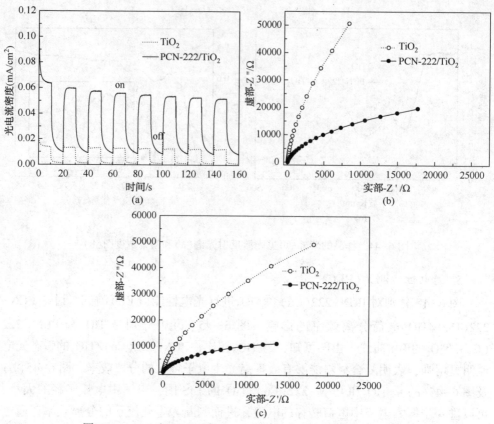

图 6-45 TiO$_2$ 和 PCN-222(Cu)/TiO$_2$ 的光电流性能测试(a)和电化学阻抗奈奎斯特图(b, c)

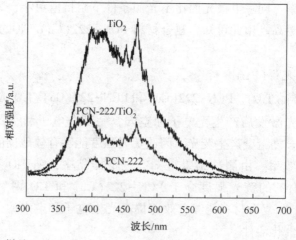

图 6-46 样品 TiO$_2$，PCN-222(Cu)和 PCN-222(Cu)/TiO$_2$ 的光致发光光谱

6.5.3 光催化 CO_2 还原性能测试

图6-47(a)是所有制备样品在300W Xe灯照射下光催化 CO_2 还原产 CO/CH_4 性能图。性能测试表明与纯 TiO_2 相比,所有样品都显示出较强的光催化还原活性。在制备的所有复合材料中,10%PCN-222(Cu)/TiO_2 的复合材料催化速率最佳,产率分别为13.24μmol/(g·h)的CO和1.73μmol/(g·h)的 CH_4。就还原产物CO的产率而言,10%PCN-222(Cu)/TiO_2 是 TiO_2 还原产率的3倍。PCN-222(Cu)/TiO_2 复合材料具有较高的光催化活性,主要是CTU与 TiO_2 的复合提高了电子和空穴的传输效率以及PCN-222(Cu)具有较高的可见光吸收能力和 CO_2 吸附能力,同时存在PCN-222(Cu)和 TiO_2 之间的协同效应。而且,PCN-222(Cu)/TiO_2 复合材料有效地提高了 TiO_2 纳米粒子的分散性,从而提供更多活性位点。图6-47(b)是对光催化性能进行的3个循环测试,结果表明催化剂具有较好的循环稳定性。图6-47(c)是对10%PCN-222(Cu)/TiO_2 进行连续8h光照性能测试,结果表明CO和 CH_4 的产率不断升高,表明PCN-222(Cu)/TiO_2 的光催化剂在整个8h试验过程中始终保持光催化活性。综上所述,PCN-222(Cu)/TiO_2 具有较高的光催化活性和催化稳定性。

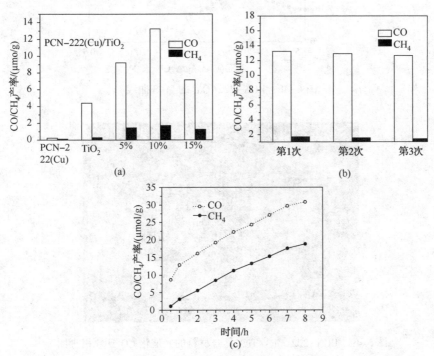

图6-47 TiO_2、PCN-222(Cu)和不同比例PCN-222(Cu)/TiO_2 光催化还原产 CO/CH_4 性能图(a),10%PCN-222(Cu)/TiO_2 循环性能测试(b),10%PCN-222(Cu)/TiO_2 连续光照8h性能图(c)

6.5.4 光催化机理分析

图 6-48 是 PCN-222(Cu) 的 Motty-Schottky(M-S) 曲线,M-S 曲线斜率表明 PCN-222(Cu) 是 n 型半导体。根据图 6-48 中的曲线斜率做切线可知,PCN-222(Cu) 相对于 Ag/AgCl 电极的平带电位约为 -0.55V。由 DRS 图做切线可知 PCN-222(Cu) 带隙值为 1.73eV,因此计算可知 PCN-222(Cu) 的 LUMO 和 HOMO 位置分别为 -0.55V 和 1.73V。基于上述表征和光催化性能测试结果,我们提出了 PCN-222(Cu)/TiO_2 光催化可能的反应机理,如图 6-49 所示。当 300W 的 Xe 灯照射在催化剂表面时,PCN-222(Cu) 和 TiO_2 都被激发产生光生电子和空穴。

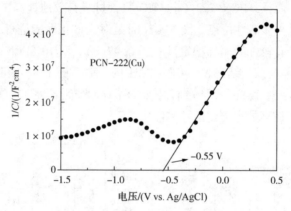

图 6-48 PCN-222(Cu) 的 M-S 曲线

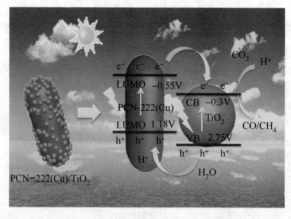

图 6.49 PCN-222(Cu)/TiO_2 复合材料的光催化 CO_2 还原机理图

同时由于 PCN-222(Cu) 的 LUMO 电位比 TiO_2 的 CB 电位更负,因此,PCN-222(Cu) 的 LUMO 上的电子直接转移到 TiO_2 的 CB 中,并在 TiO_2 的 CB 上发生还

原反应。而 TiO_2 的 VB 上的空穴则转移至 PCN-222(Cu) 的 HOMO 位置,发生氧化反应,可将 H_2O 氧化产生·OH 自由基,并释放 O_2 和 H^+。PCN-222(Cu)/TiO_2 复合材料提高了电子空穴的分离效率,延长了光生载流子的寿命,有效地提高了复合材料光催化 CO_2 还原活性。

6.5.5 小结

(1) 本部分利用水热法制备了 PCN-222(Cu) 与 TiO_2 不同质量比的 PCN-222(Cu)/TiO_2 复合材料,将得到的不同质量比的 PCN-222(Cu)/TiO_2 样品根据加入 PCN-222(Cu) 的质量比,分别标记为5%、10%、15%的 PCN-222(Cu)/TiO_2。

(2) 所有制备的样品利用 XRD、SEM、DRS、FT-IR、PEC、PL 等手段进行表征,结果证明 PCN-222(Cu)/TiO_2 复合材料中 TiO_2 包覆在 PCN-222(Cu) 表面,即 PCN-222(Cu)/TiO_2 被成功制备。

(3) 对一系列 PCN-222(Cu)/TiO_2 复合材料进行了光催化还原 CO_2 性能测试,通过测试结果发现 10% PCN-222(Cu)/TiO_2 具有最高的光催化活性,其光催化 CO_2 还原产物的生成速率如下:CO 产率为 13.24μmol/(g·h),CH_4 产率为 1.73μmol/(g·h)。对复合材料 PCN-222(Cu)/TiO_2 进行三个循环稳定性测试,结果证明 PCN-222(Cu)/TiO_2 具有较好的光催化稳定性。

(4) 结合一系列表征结果对 PCN-222(Cu)/TiO_2 光催化机理进行了讨论分析,并提出了可能的反应机理。这项工作的结果为基于金属卟啉 PCN-222(Cu) 与半导体材料的复合提供了新的思路,有效促进光生电荷分离提高光催化还原活性。

6.6 PCN-224(Cu)/TiO_2 纳米复合材料 CO_2 还原性能

本部分采用了常规的溶剂热法将立方体状的 PCN-224(Cu) 和 TiO_2 的复合,开发了一种在没有牺牲剂和助催化剂存在时显著提高光催化 CO_2 还原成 CO 的 Z 型机制的复合催化剂 PCN-224(Cu)/TiO_2[简称 P(Cu)/TiO_2]。光催化 CO_2 还原测试结果表明:不同比例的复合材料 P(Cu)/TiO_2 均比纯 P(Cu) 和纯 TiO_2 具有更高的光催化活性。结合一系列表征及光催化 CO_2 还原测试结果提出了最合理的光催化机理。在 P(Cu)/TiO_2 光催化材料体系中,TiO_2 和 PCN-224(Cu) 通过 Z 型电子传递方式提高该催化剂对光的捕获能力以及光生电子和空穴的分离能力,从而提高此催化剂的光催化 CO_2 还原能力。因此,复合材料 P(Cu)/TiO_2 的光催化活性得到显著提高。通过光催化 CO_2 还原性能测试、光致荧光光谱以及电子顺磁自旋共振谱均可证明这种 Z 型机制的构筑在此光催化反应体系中是合理的。

6.6.1 实验部分

1. 卟啉及金属卟啉的合成

（1）5,10,15,20-四(4-羧基苯基)卟啉(TCPP)的合成。

根据之前文献中报道的方法合成 TCPP：在反应进行前，首先将淡黄色吡咯重蒸为无色备用。其次，向 500mL 的三颈烧瓶中依次加入 4-甲酰基苯甲酸（3.04g，20.25mmol），重蒸的吡咯(1.4g，20.25mmol) 以及 75.0mL 丙酸作为溶剂，然后将反应物在油浴锅中持续加热回流 2h(图 6-50)。回流完成后冷却至室温，得到黑色溶液，再向反应瓶中加入 100.0mL 冰甲醇，然后将该混合溶液在 0℃ 的冰浴条件下持续搅拌 30min。最后将所得到的混合液体通过离心分离得到沉淀，并用冰甲醇和温蒸馏水洗涤数次直到滤液澄清为止，最终将得到的固体放置于 80℃ 的烘箱中干燥 12h 得到紫色粉末，即为产物，计算所得产率约为 19%。^{1}H-NMR(600MHz，DMSO-d_6，ppm)：δ，8.79(s，8H)，8.33(d，8H)，8.26(d，8H)(图 6-51)。

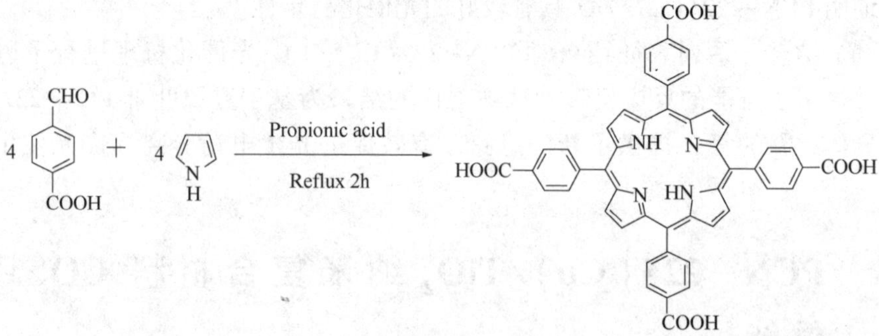

图 6-50　5,10,15,20-四(4-羧基苯基)卟啉(TCPP)的合成路线图

（2）铜-5,10,15,20-四(4-羧基苯基)卟啉(CuTCPP)的合成。

CuTCPP 的合成采用比较简单的方法：据报道，金属卟啉的合成一般是将金属氯化物与卟啉在 DMF 溶剂中回流制得的。将 TCPP(0.261g，0.33mmol) 和 $CuCl_2 \cdot 2H_2O$(0.31g，1.82mmol) 的混合物溶于 15.0mL 的 DMF 溶剂中并进一步持续回流 5h(图 6-52)。回流完成后冷却至室温得到暗红色溶液，将该溶液通过离心分离得到沉淀，并用蒸馏水洗涤数次。然后将其置于 60℃ 下真空干燥 8h，得到红色固体。

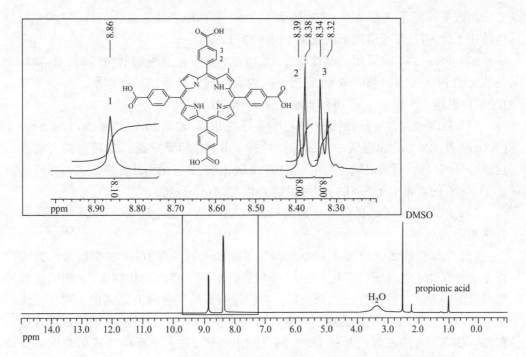

图6-51 5,10,15,20-四(4-羧基苯基)卟啉(TCPP)的核磁共振氢谱图

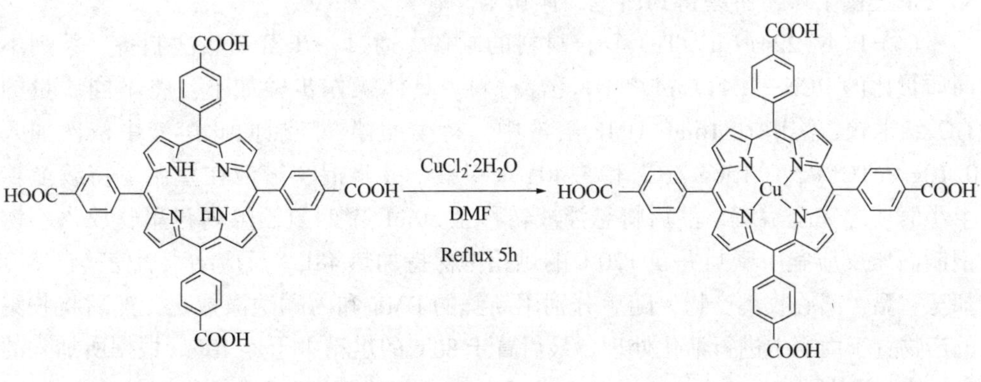

图6-52 铜-5,10,15,20-四(4-羧基苯基)卟啉(CuTCPP)的合成路线图

2. 光催化剂的制备

(1) PCN-224的制备。根据文献合成立方状的PCN-224，具体制备过程如下：将50mg 5,10,15,20-四(4-羧基苯基)卟啉(TCPP)，78mg四氯化锆($ZrCl_4$)和2700mg苯甲酸(BA)依次加入到装有8mL DMF溶液的烧杯中，持续搅拌使之溶解均匀，然后将混合液转移至50mL聚四氟乙烯反应釜内衬中，放入钢制的高压反应釜中密封，随后置于烘箱中120℃下持续加热48h。冷却至室温后通过离

103

心分离收集深紫色立方晶体，并用新鲜的 DMF 和丙酮洗涤数次，最后在 100℃ 的烘箱中干燥 8h，即可得到未活化的 PCN-224 样品。

（2）PCN-224 的活化。通过将合成的 PCN-224 在丙酮溶剂中浸泡 24h 来制备活化的 PCN-224，其中每 8h 更换一次丙酮溶剂。最后倾析出丙酮，过滤并在 100℃ 的烘箱中干燥 8h，即可得到活化的 PCN-224 样品。

（3）PCN-224(Cu) 的制备。将已制备好的 PCN-224(200mg) 和 $CuCl_2 \cdot 2H_2O$(500mg) 在 120℃ 的油浴锅中持续加热搅拌 12h。冷却至室温，之后将混合液通过离心分离得到红色固体，然后用 DMF 洗涤 3 次，再用丙酮洗涤 3 次，将样品置于 100℃ 的烘箱中干燥 8h，即可得到 PCN-224(Cu) 样品。

（4）PCN-224(Cu) 的活化。PCN-224(Cu) 的活化与上述 PCN-224 的活化的方法相同。

（5）TiO_2 的制备。将 5mL 的钛酸四正丁酯加入到装有 10mL 乙醇溶液的圆底烧瓶中并在冰浴条件下持续搅拌 1h。随后，将水和乙醇体积比按 1:4 的配比配制混合溶液 6mL。待搅拌时间截止后，将已配制好的混合溶液逐滴加入到反应体系中并继续搅拌 1h。搅拌完成后将混合溶液转移至 50mL 聚四氟乙烯内衬里，放置在钢制高压釜中密封。并在 180℃ 的烘箱中加热 12h，待反应完成后自然冷却至室温。离心收集产物，并用去离子水和无水乙醇洗涤多次。将白色固体产物在 80℃ 下过夜干燥，研磨得到白色固体粉末。

（6）PCN-224(Cu)/TiO_2 复合材料的制备。通过一步溶剂热法制备一系列不同质量比的 PCN-224(Cu)/TiO_2 复合材料。具体操作步骤如下：将不同质量的 TiO_2 纳米颗粒溶解在 16mL DMF 溶液中，持续搅拌。随后向此溶液中依次加入 0.10g CuTCPP、0.156g $ZrCl_4$ 和 5.40g 苯甲酸，并将混合溶液在室温下持续搅拌半小时使之完全溶解，然后将悬浮液转移至 50mL 聚四氟乙烯内衬里，放入不锈钢制高压反应釜中密封并在 120℃ 的烘箱中保持加热 48h。反应结束后使其自然冷却至室温，离心收集产物，随后分别用新鲜的 DMF 和丙酮洗涤数次，然后将收集的产物置于丙酮中进行活化处理，最后置于 80℃ 的烘箱中干燥 10h。根据所加入的 TiO_2 的质量为 1.0g、0.8g、0.6g、0.4g 和 0.2g，将得到不同质量比例的 PCN-224(Cu)/TiO_2 样品，分别记为 6%P(Cu)/TiO_2、7.5%P(Cu)/TiO_2、10%P(Cu)/TiO_2、15%P(Cu)/TiO_2 和 30%P(Cu)/TiO_2。

6.6.2 材料表征技术

1. X-射线衍射(XRD)分析

通过 X-射线衍射对样品的晶相结构进行了表征。图 6-53 是纯 TiO_2 和活化前后的 PCN-224(Cu) 以及不同质量比的 PCN-224(Cu)/TiO_2 复合样品的 XRD 图，分别简记为6%P(Cu)/TiO$_2$、7.5%P(Cu)/TiO$_2$、10%P(Cu)/TiO$_2$、15%P(Cu)/TiO$_2$和30%P(Cu)/TiO$_2$。

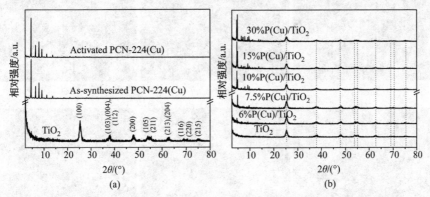

图6-53 纯TiO$_2$和活化前后PCN-224(Cu)的XRD图(a)，不同质量比PCN-224(Cu)/TiO$_2$复合样品的XRD图(b)

从图中可以看出，纯TiO$_2$的特征峰与锐钛矿(JCPDS No.21-1272)标准卡片的特征衍射峰一致，说明只存在锐钛矿一种晶型。除此之外，对活化前后PCN-224(Cu)的纯度和结晶度做了对比验证，如图6-53(a)所示，活化前后的PCN-224(Cu)样品均在4.6°、6.4°、7.9°、9.1°、11.2°和13.7°处出现很强的特征峰分别对应于[002]、[022]、[222]、[004]、[224]和[006]晶面，此结果与文献报道中的结论一致，表明对PCN-224(Cu)的活化并没有改变其晶体结构。从图6-53(b)不同质量比的PCN-224(Cu)/TiO$_2$复合样品的XRD图中可以观察到PCN-224(Cu)和TiO$_2$的衍射峰同时存在，并且复合材料PCN-224(Cu)/TiO$_2$的X-射线衍射峰强度随PCN-224(Cu)质量百分含量的增加而增强。

2. 扫描电镜(SEM)和透射电镜(TEM)分析

通过扫描电镜和透射电镜对制备的TiO$_2$、PCN-224(Cu)和15%P(Cu)/TiO$_2$样品的形貌和微观结构进行了表征。如图6-54(a)所示，纯TiO$_2$纳米颗粒呈现出均匀的形态，但是团聚现象较为明显。图6-54(b)是纯PCN-224(Cu)的SEM图，可以看出活化的PCN-224(Cu)为表面略微褶皱的立方体形貌，平均微晶尺寸约为3~5μm。从图6-54(c)为复合材料15%P(Cu)/TiO$_2$的SEM图观察可知，TiO$_2$纳米颗粒均匀分布在微晶立方体PCN-224(Cu)的表面上，只有很少一部分TiO$_2$纳米颗粒自聚，表明与PCN-224(Cu)复合使得TiO$_2$纳米颗粒的自聚现象大大减小，因此有助于进一步的催化应用。复合材料15%P(Cu)/TiO$_2$的TEM图和高分辨TEM图(HR-TEM)显示在图6-54(d)~(f)中。从HR-TEM图中可以观察到明显的晶格条纹，其晶格间距为0.355nm，对应于锐钛矿的[101]晶面。HR-TEM测试结果与上述XRD结果均证明所制备的TiO$_2$为锐钛矿晶型。

图6-54 纯TiO_2(a)、PCN-224(Cu)(b)和15%P(Cu)/TiO_2(c)的SEM图，15%P(Cu)/TiO_2的TEM图(d, e)，15%P(Cu)/TiO_2的HR-TEM图(f)

3. SEM元素分布分析

图6-55复合材料15%P(Cu)/TiO_2的元素扫描分布图。通过图6-55可以清晰地观察到复合材料15%P(Cu)/TiO_2由C、O、N、Zr、Cu和Ti元素组成并且所有元素均匀分布，这说明PCN-224(Cu)和TiO_2均存在，证明复合材料成功制备。

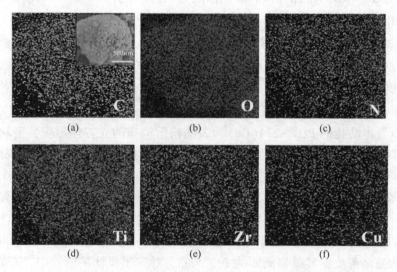

图6-55 复合材料15%P(Cu)/TiO_2的元素扫描分布图

4. 氮气吸脱附曲线分析

为了了解 PCN-224(Cu)、TiO_2 和 15%P(Cu)/TiO_2 样品的比表面积和孔尺寸分布情况,对样品进行了 N_2 吸附-脱附曲线及孔径分布测试,如图 6-56 所示。测试结果是在 77K 下通过氮气吸附-脱附测量得到证实的。图 6-56(a)是纯 PCN-224(Cu)的 N_2 吸附-脱附曲线及孔径分布图。当将氮气摄入量固定为 710.3cm^3/g(STP)时,PCN-224(Cu)的 Brunauer-Emmett-Teller(BET)比表面积为 2285m^2/g,比许多其他基于卟啉配体的 MOFs 高得多。N_2 吸附呈现出典型的 Ⅰ

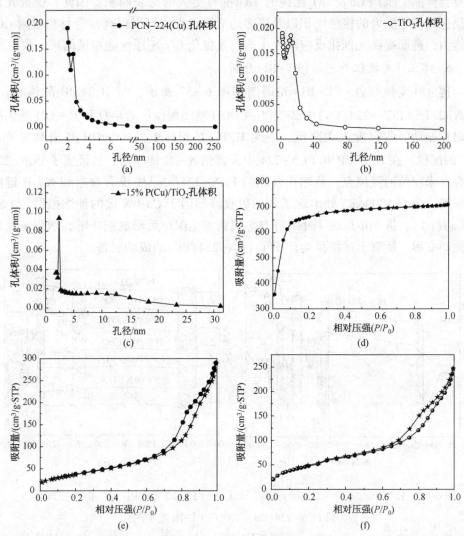

图 6-56 PCN-224(Cu)(a)、TiO_2(b)和 15%P(Cu)/TiO_2(c)的 Barrett-Joyner-Halenda(BJH) 介孔尺寸分布图以及对应的 N_2 吸附-脱附等温曲线(d~f)

型等温线，无滞后现象，该等温线具有其晶体结构。如此大的比表面积归因于 PCN-224(Cu)中的 3D 大孔通道，使催化过程中的反应物可进入主要的孔表面。另外，计算出的 PCN-224(Cu)的总孔体积为 $1.095cm^3/g$。原始的 TiO_2 在相对较高的压力范围内具有离散的磁滞回线，表现出Ⅳ型等温线[图 6-56(b)]，表明其保持了严重团聚的 TiO_2 纳米颗粒所具有的中孔结构。图 6-56(c)是复合样品 15%P(Cu)/TiO_2 的 N_2 吸附-脱附曲线及孔径分布图。对测试结果进行比较得知纯 TiO_2 和复合样品 15%P(Cu)/TiO_2 的比表面积分别为 $138.07m^2/g$ 和 $178.05m^2/g$，故复合样品 15%P(Cu)/TiO_2 比纯 TiO_2 拥有更大的比表面积。因此，这为光催化反应提供了更大的接触面积以及更多的活性位点，可以提高复合材料吸附 CO_2 的能力，进而提高光催化反应活性，这与光催化 CO_2 还原性能测试结果一致。

5. 傅立叶变换红外光谱(FT-IR)分析

傅立叶变换红外(FT-IR)光谱图如图 6-57 所示，与 H_2TCPP 配体相比，PCN-224 和 PCN-224(Cu)中 Zr^{4+} 和—COOH 基团配位后 C=O 和 C—OH 基团的不对称振动吸收强度大大降低，表明 H_2TCPP 配体中的—COOH 基团参与了与 Zr^{4+} 的配位。在 H_2TCPP 和 PCN-224 中观察到 N—H 键吸附，这证实了 PCN-224 中存在未配位的氮位点。虽然在合成的 PCN-224(Cu)中没有观察到 N—H 键的特征峰，但在 $1000cm^{-1}$ 处出现了新的吸收峰归因于 Cu—N 键的伸缩振动[图 6-57(a)(b)]，进一步反映了卟啉环与金属铜发生配位后形成铜卟啉，增强了氮环的振动变形。所有上述结果均证明了 PCN-224(Cu)的成功制备。

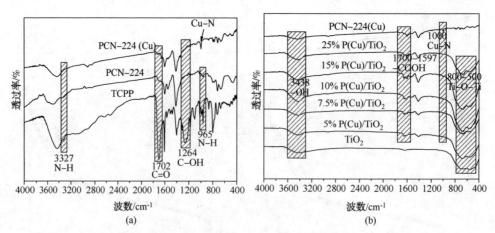

图 6-57 H_2TCPP、PCN-224 和 PCN-224(Cu)的 FT-IR 光谱图(a)，PCN-224(Cu)、TiO_2 和 PCN-224(Cu)/TiO_2 的 FT-IR 光谱图(b)

TiO_2、PCN-224(Cu)和一系列不同比例 PCN-224(Cu)/TiO_2 复合样品的 FT-IR 光谱如图 6-57(b)所示，位于 $3438cm^{-1}$ 的宽峰可归属于羟基振动特征峰，这说明了所有样品中结合水和游离水的存在。1597~1700cm^{-1}处的信号可归因于—COOH的不对称振动。当金属铜离子(Cu^{2+})嵌入TCPP分子环中时,该铜金属离子与卟啉环中的氮原子发生配位推动了氮环振动变形,从而在PCN-224(Cu)和PCN-224(Cu)/TiO_2一系列样品中均可观察到在1000cm^{-1}附近处有Cu—N伸缩振动特性峰的存在。除此之外,在TiO_2和一系列不同比例PCN-224(Cu)/TiO_2样品中可以观察到500~800cm^{-1}处存在另一个宽峰,其归因于Ti—O—Ti键的振动吸收特征峰。

6. 紫外-可见漫反射(DRS)分析

图6-58(a)是TiO_2、PCN-224(Cu)和一系列不同比例PCN-224(Cu)/TiO_2复合样品的紫外-可见漫反射光谱图(UV-vis DRS),以提供样品的光吸收特性。从图中可以观察到纯TiO_2的吸收边在388nm左右,并且外观呈现出白色粉末状固体。由于PCN-224(Cu)的颜色较深,因此复合材料PCN-224(Cu)/TiO_2的颜色随着PCN-224(Cu)质量百分含量的增加而逐渐加深。同时,PCN-224(Cu)/TiO_2复合材料的吸收边发生显著红移并呈现出一定规律,表明复合材料可以吸收更多的可见光,这可能导致产生更多的电子空穴对,可见铜卟啉MOFs[即PCN-224(Cu)]可作为光捕获剂能够有效提高PCN-224(Cu)/TiO_2对光的吸收能力。与纯TiO_2的吸收边相比,PCN-224(Cu)/TiO_2复合材料在可见光区有明显的光吸收强度,归属于铜卟啉特有的S带和Q带吸收峰。

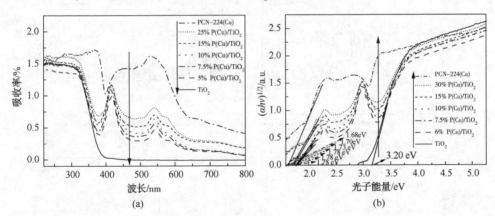

图6-58 PCN-224(Cu)、TiO_2和PCN-224(Cu)/TiO_2样品的紫外-可见光漫反射光谱图(a)和禁带宽度图(b)

图6-58(b)是TiO_2、PCN-224(Cu)和一系列不同比例PCN-224(Cu)/TiO_2复合样品的禁带宽度图,通过截取$(\alpha h\nu)^2$与光子能量的切线可间接估算样品的带隙能量(E_g)。从图中可以看出纯PCN-224(Cu)和TiO_2的禁带宽度分别为1.63eV和3.20eV,而复合材料PCN-224(Cu)/TiO_2的禁带宽度随PCN-224(Cu)质量百

分含量的增加而逐渐减小,并且介于纯 PCN-224(Cu)和 TiO$_2$ 两者之间,间接性地证明了复合材料成功制备。可见 PCN-224(Cu)在复合材料光吸收特性中起着非常重要的作用。15%P(Cu)/TiO$_2$ 表现出的光催化性能最好,其带隙能量值为 1.71eV,与纯 TiO$_2$ 相比 15%P(Cu)/TiO$_2$ 样品的禁带宽度减小了 1.49eV。由此可知复合材料 15%P(Cu)/TiO$_2$ 具有较长波长的吸收边缘,拓宽了 TiO$_2$ 的吸收边范围,提高了可见光的利用率。

7. X-射线光电子能谱(XPS)分析

为了进一步深入研究复合材料 15%P(Cu)/TiO$_2$ 的表面组成和化学状态,本实验对此样品进行了 XPS 测试分析,测试结果如图 6-59 所示。由图可知,复合

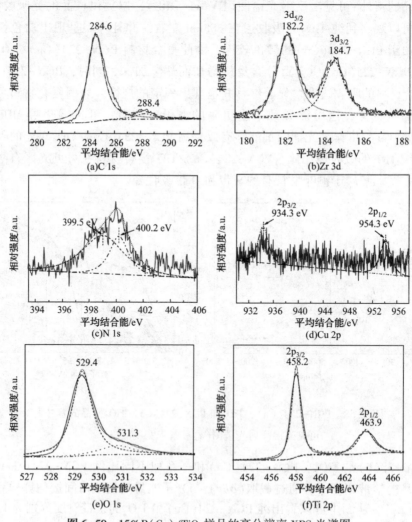

图 6-59　15%P(Cu)/TiO$_2$ 样品的高分辨率 XPS 光谱图

样品15%P(Cu)/TiO$_2$由C、N、O、Cu、Zr和Ti组成,这与元素分布分析和EDS测试结果完全一致。从图6-59(a)可以观察到C 1s的精细谱图在288.4eV和284.6eV处有两个明显的峰,此信号峰可归属于C═O键和苯甲酸环的特征。图6-59(b)是Zr 3d的能谱图,两个拟合峰分别位于184.7eV和182.2eV处,其归因于Zr $3d_{3/2}$和Zr $3d_{5/2}$的结合能峰,这说明元素Zr的价态为+4价。如图6-59(c)所示,N 1s光谱显示位于399.5eV和400.2eV处的两个拟合峰,其分别归属于C═N键和C—N键中sp2杂化的N原子。图6-59(d)是Cu 2p的能谱图,能谱图在位于934.3eV和954.3eV处的两个峰分别对应于Cu $2p_{3/2}$和Cu $2p_{1/2}$结合能的峰,证明了+2价Cu元素的存在。对于O 1s的能谱图如图6.59(e)所示,在531.3eV和529.4eV处出现的两个信号峰,其可与复合样品15%P(Cu)/TiO$_2$中苯甲酸和Zr—O键中的氧原子相匹配。图6-59(f)为Ti 2p的高分辨率XPS光谱图,从图中可以看出,在458.2eV和463.9eV处被检测到的两个峰归属于Ti $2p_{3/2}$和Ti $2p_{1/2}$的结合能峰。以上结果进一步清楚地表明复合材料PCN-224(Cu)/TiO$_2$成功制备。

8. 光电性能(PEC)测试

为了研究TiO$_2$,PCN-224(Cu)和15%P(Cu)/TiO$_2$的光电化学(PEC)性能。对样品进行了光电流性能测试以及电化学阻抗测试,如图6-60所示。图6-60(a)是TiO$_2$、PCN-224(Cu)和15%P(Cu)/TiO$_2$的光电流-时间(I-t)曲线,由图可知,与纯TiO$_2$和PCN-224(Cu)相比,15%P(Cu)/TiO$_2$的瞬态光电流强度显著增强,表明在相同条件下,复合材料15%P(Cu)/TiO$_2$不仅在PCN-224(Cu)和TiO$_2$界面之间促进了电荷转移速率并提高了光生电子和空穴的分离效率,而且光激发可以有效地产生光生电子-空穴对。由此可知15%P(Cu)/TiO$_2$具有更好的光催化活性,此测试结果与光催化CO$_2$还原性能测试结果一致。图6-60(b)是纯TiO$_2$,PCN-224(Cu)和15%P(Cu)/TiO$_2$的奈奎斯特电化学阻抗图。通过奈奎斯特曲线圆弧半径的大小可以进一步研究电荷转移情况并可判断光生载流子的分离效率。通过电化学阻抗图可以看出,与原始的TiO$_2$和PCN-224(Cu)相比,15%P(Cu)/TiO$_2$的圆弧半径比TiO$_2$和PCN-224(Cu)这两者的圆弧半径都要小,表明复合样品15%P(Cu)/TiO$_2$具有更高的光生电子和空穴分离效率以及界面电荷迁移速率。由此可知复合材料15%P(Cu)/TiO$_2$具有更高的光催化活性,光电化学性能测试结果与光催化CO$_2$还原性能测试结果完全一致,证明我们分析的结论是正确合理的。

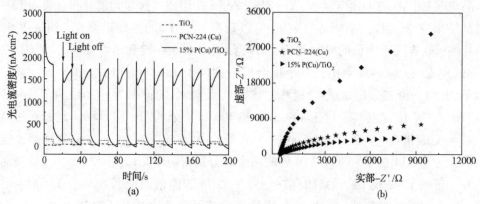

图 6-60 TiO$_2$，PCN-224(Cu)和 15%P(Cu)/TiO$_2$ 样品的光电流性能测试(a)和电化学阻抗奈奎斯特曲线图(b)(0.6V，0.5mol/L Na$_2$SO$_4$，pH 值约为 7.35)

9. 光致荧光发光光谱(PL)分析

图 6-61 是 TiO$_2$、PCN-224(Cu)和 15%P(Cu)/TiO$_2$ 样品的光致荧光发射(PL)光谱，荧光强度能够有效反映电荷载流子的迁移，分离效率以及重组情况。从图 6-61 可以观察到与纯 TiO$_2$ 相比，15%P(Cu)/TiO$_2$ 的荧光峰强度明显降低，表明 15%P(Cu)/TiO$_2$ 复合体系中光生电子和空穴的重组率低，意味着光催化活性提高。但与 PCN-224(Cu)相比，15%P(Cu)/TiO$_2$ 的荧光峰强度比 PCN-224(Cu)的要高，这说明 15%P(Cu)/TiO$_2$ 复合体系中的光生载流子重组率较高。在这个光催化体系中，传统的光催化机理不能很好地解释这一现象。因此，15%P(Cu)/TiO$_2$ 光催化体系是通过 Z-型电子转移方式传输电子的。在光催化过程中，TiO$_2$ 导带(CB)上的多余的电子与 PCN-224(Cu)价带(VB)上的剩余的空穴在 TiO$_2$ 与 PCN-224(Cu)的界面发生复合，这使得复合材料中 PCN-224(Cu)的较高导带(CB)和 TiO$_2$ 较低价带(VB)的优势得以充分发挥和利用，从而更加有效地促进了光催化氧化还原反应的发生。

10. 表面光电压(SPS)分析

表面光电压光谱(SPS)作为一种令人信服且有效的技术可用于反映由光吸收诱导的激发态的电荷分离程度。通过在光照射之前和之后改变表面势垒产生 SPS 信号，因此振幅可以反映光吸收范围内的电荷分离程度。TiO$_2$、PCN-224(Cu)和 15%P(Cu)/TiO$_2$ 样品的表面光电压(SPS)光谱如图 6-62 所示。从图中可以看出复合样品 15%P(Cu)/TiO$_2$ 表现出比 TiO$_2$ 和 PCN-224(Cu)的光电压响应更强，这表明复合样品 15%P(Cu)/TiO$_2$ 比纯 TiO$_2$ 和 PCN-224(Cu)的光生电子-空穴对的分离程度更大，更进一步证明了 PCN-224(Cu)和 TiO$_2$ 的复合有助于提高光催化活性。

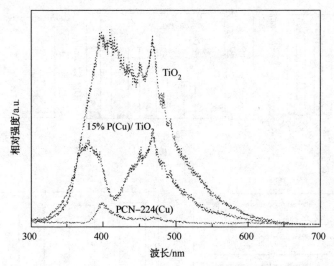

图 6-61　TiO$_2$、PCN-224(Cu)和 15%P(Cu)/TiO$_2$ 样品的光致荧光发光光谱图

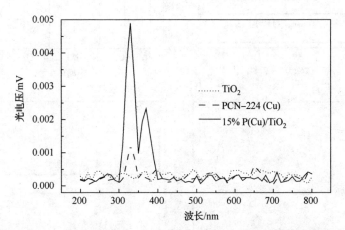

图 6-62　TiO$_2$、PCN-224(Cu)和 15%P(Cu)/TiO$_2$ 样品的表面光电压光谱图

6.6.3　光催化 CO$_2$ 还原性能及稳定性测试

图 6-63(a)是 TiO$_2$、PCN-224(Cu)和一系列不同比例 PCN-224(Cu)/TiO$_2$ 复合样品的光催化 CO$_2$ 还原性能图。从图中可以清楚地看出,对于样品 PCN-224(Cu)[简称 P(Cu)]、6%P(Cu)/TiO$_2$、7.5%P(Cu)/TiO$_2$、10%P(Cu)/TiO$_2$、15%P(Cu)/TiO$_2$、30%P(Cu)/TiO$_2$ 和 TiO$_2$ 光催化 CO$_2$ 还原产生 CO 的速率分别为 3.717μmol/(g·h)、19.35μmol/(g·h)、26.78μmol/(g·h)、31.67μmol/(g·h)、37.21μmol/(g·h)、26.04μmol/(g·h)和 0.8183μmol/(g·h)。与此同时,对于样品 P(Cu)、6%P(Cu)/TiO$_2$、7.5%P(Cu)/TiO$_2$、10%P(Cu)/TiO$_2$ 和 15%

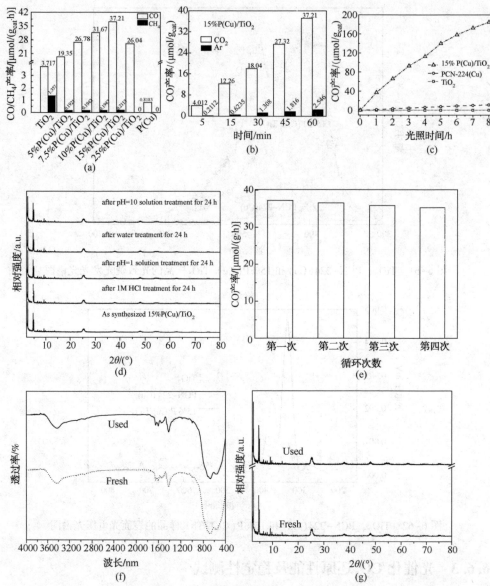

图 6-63 TiO₂、PCN-224(Cu)和一系列不同比例 PCN-224(Cu)/TiO₂ 催化剂光催化 CO_2 还原产 CO/CH_4 性能图(a),复合样品 15%P(Cu)/TiO₂ 在 CO_2 和 Ar 气氛中光催化 CO_2 还原产 CO 性能图(b),15%P(Cu)/TiO₂ 样品连续光照 8h 催化还原产 CO 性能图(c),15%P(Cu)/TiO₂ 样品分别经过使用 1M HCl、pH=1、水以及 pH=10 的水溶液处理之后的 XRD 图(d),15%P(Cu)/TiO₂ 样品的光催化循环稳定性测试(e),15%P(Cu)/TiO₂ 样品经光催化反应前后的 FT-IR 图(f),复合样品反应前后的 XRD 图(g)

P(Cu)/TiO_2光催化 CO_2 还原产生 CH_4 的速率分别为 1.357μmol/(g·h), 0.1921μmol/(g·h), 0.1942μmol/(g·h), 0.1947μmol/(g·h) 和 0.2113μmol/(g·h),样品 30%P(Cu)/TiO_2 和 TiO_2 光催化 CO_2 还原产生 CH_4 的速率均为 0μmol/(g·h)。由此可知,在制备的复合材料中,光催化剂的光催化 CO_2 还原产生 CO 的速率随着 PCN-224(Cu) 质量百分含量的增加而呈现出先增加后减小的趋势,结果表明,15%P(Cu)/TiO_2 样品表现出最佳的光催化性能,其光催化产生 CO 的速率分别是纯 PCN-224(Cu) 和 TiO_2 的 10 倍和 45.4 倍。将立方体状的 PCN-224(Cu) 和 TiO_2 复合,开发了一种在没有牺牲剂和助催化剂存在时显著提高光催化 CO_2 还原成 CO 的 Z 型机制的复合催化剂,该催化剂对光的捕获能力以及光生电子和空穴的分离的能力显著增强,这是光催化活性提高的主要原因。

然而,当 PCN-224(Cu) 百分含量增至 30% 时,光催化活性有所下降。这是由于 PCN-224(Cu) 的含量过高导致 TiO_2 的 CB 上的电子不能被光激发以至于导致 TiO_2 产生的光生电子较少,从而消耗 PCN-224(Cu) 上的光生空穴。最终导致电荷载体的分离效率下降,光催化剂的氧化还原能力降低。

图 6-63(b) 显示了在相同条件下将 15%P(Cu)/TiO_2 样品分别置于 CO_2 和 Ar 气氛中进行光催化性能测试,结果显示,与在 CO_2 气氛下相比,在 Ar 气氛条件下反应器中仍可检测到少量的 CO 产生,这可能是由于部分 15%P(Cu)/TiO_2 样品的氧化分解所导致的。图 6-63(c) 是对样品 TiO_2、PCN-224(Cu) 和 15%P(Cu)/TiO_2 进行持续光照 8h 光催化 CO_2 还原产生 CO 的性能测试。从图中可以看出 15%P(Cu)/TiO_2 复合样品的 CO_2 还原为 CO 的产率持续不断升高,而 TiO_2 和 PCN-224(Cu) 的还原产物 CO 的产率只呈现出略微的提高趋势,与 15%P(Cu)/TiO_2 复合样品相比,相差甚远。表明 15%P(Cu)/TiO_2 复合样品作为光催化剂在整个 8h 测试过程期间始终保持着原有的光催化活性,由此可证明催化剂在持续光照 8h 内仍具有良好的光催化稳定性。

光催化剂的稳定性和可重复使用性对实际应用非常重要。这里,光催化 CO_2 还原的循环实验用于评估 15%P(Cu)/TiO_2 的稳定性和可重复使用性。令人惊讶的是,在 Zr_6 簇上具有 1.9nm 的 3D 通道和更低的连通性,PCN-224(Cu) 表现出非常高的化学稳定性。将相同批次的 15%P(Cu)/TiO_2 样品分别置于 pH=0 至 pH=10 的水溶液中浸泡 24h。之后,将这些样品离心并重新活化处理,然后将处理后的样品进行 XRD 测试。结果表明,15%P(Cu)/TiO_2 通过 1 M HCl,pH=1,水以及 pH=10 的水溶液处理之后仍然保持其良好的结晶度,这一结果在图 6-63(d) 中呈现。如此广泛的 pH 稳定性甚至比我们之前报道的 PCN-222 更好。在其他报道的 MOF 中很少观察到这种良好的化学稳定性。PCN-224(Cu) 具有由多功能卟啉部分构成的三维开放通道,具有很高的化学稳定性和热稳定性,可满足大多数先决条件,是多相催化的理想平台。图6-63(e)是对15%P(Cu)/TiO₂复合样品进行光催化CO_2还原循环稳定性能测试,从图中可以看出在四次循环之后其光催化活性没有明显降低趋势,表明该样品具有良好的光催化CO_2还原循环稳定性。除此之外,我们对反应前后15%P(Cu)/TiO₂的样品进行了FT-IR和XRD表征,如图6-63(f)所示,从图中可以观察到15%P(Cu)/TiO₂样品在循环使用四次之后回收所测得的晶体结构没有明显的变化。结合上述结果,充分证明了15%P(Cu)/TiO₂复合材料在光催化CO_2还原过程中确实是稳定的。

6.6.4 光催化机理分析

为了进一步研究15%P(Cu)/TiO₂复合样品中PCN-224(Cu)和TiO₂的能带结构所起的作用,我们通过Mott-Schottky(M-S)曲线可得知PCN-224(Cu)和TiO₂的平带电位(E_{FB})。图6-64是TiO₂和PCN-224(Cu)的Mott-Schottky曲线。从图中可以看出TiO₂和PCN-224(Cu)的M-S曲线的斜率均为正值,表明两者都是n型半导体,TiO₂和PCN-224(Cu)的平带电位分别为-0.08V和-0.44V相对于标准氢电极(NHE)。由于n型半导体的导带电位(E_{CB})比平带电位更负,两者相差0.2V,因此,TiO₂和PCN-224(Cu)的E_{CB}值分别为-0.28eV和-0.64eV相对于NHE。结合从DRS光谱中间接估算得到TiO₂和PCN-224(Cu)的带隙能(E_g)分别为3.20eV和1.68eV。根据公式$E_g = E_{VB} - E_{CB}$计算可得到TiO₂和PCN-224(Cu)的价带位置(E_{VB})分别为2.92eV和1.04eV相对于NHE。

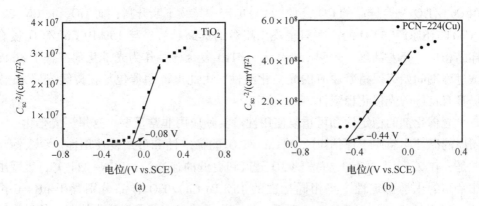

图6-64 TiO₂(a)和PCN-224(Cu)(b)的莫特肖特基曲线

基于上述能带结构分析以及光催化性能测试结果,我们对复合材料15%P(Cu)/TiO₂可能发生的光催化CO_2还原反应机理和Z型机制中电子-空穴对最有可能发生的转移过程做了合理的推测,如图6-65所示。通常情况下,15%P(Cu)/TiO₂复合光催化体系应遵循传统的双向转移机制,光催化体系的光生电子-空穴转移方式如图6-65(a)所示,由于匹配的能带结构,将在从PCN-224(Cu)到TiO_2的方向上建立内部电场,当暴露于可见光下时,PCN-224(Cu)和TiO_2价带上的电子分别被光子激发到导带,受激电子可以从PCN-224(Cu)的导带(CB)转移到TiO_2的CB,发生还原反应;同时,光生空穴倾向于从TiO_2的价带(VB)转移到PCN-224(Cu)的VB,发生氧化反应。考虑到TiO_2的CB电位(-0.28V vs NHE)比CO_2/CO(-0.53eV vs NHE)的标准电位更正,从热力学角度上来讲这种情况下CO_2不能被还原为CO。由此可知,这种传统的双向转移机制与实际光催化性能测试结果相矛盾,故图6-65(a)中的传统双向转移机理不成立。因此我们提出了如图6-65(b)所示的Z-型光催化机理。

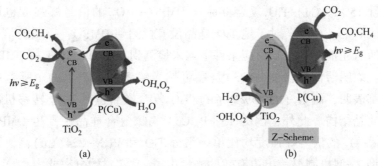

图6-65 复合材料15%P(Cu)/TiO_2的光催化CO_2还原机理图

在15%P(Cu)/TiO_2复合光催化体系中,TiO_2和PCN-224(Cu)价带上的电子分别受光子激发跃迁至导带,形成光生电子-空穴对。根据Z型电荷转移机制[图6-65(b)],15%P(Cu)/TiO_2复合物在光辐照下,TiO_2导带上相对无用的电子与PCN-224(Cu)价带上相对无用的空穴复合,TiO_2和PCN-224(Cu)之间的固-固接触界面可作为TiO_2导带上相对无用的电子与PCN-224(Cu)价带上相对无用的空穴的复合中心,PCN-224(Cu)导带上还原能力较强的电子和TiO_2价带上氧化能力较强的空穴得以保留,从而在异质界面上实现了氧化还原能力较强的光生电子-空穴对的分离,使得复合材料15%P(Cu)/TiO_2拥有更高的光催化活性。TiO_2价带上氧化能力较强的空穴与H_2O发生氧化反应生成·OH和O_2;同时PCN-224(Cu)导带上还原能力较强的电子与CO_2发生光催化还原反应,将CO_2还原为CO和CH_4。

为了验证我们所提出的Z型机制,我们对样品TiO_2、PCN-224(Cu)和15%P(Cu)/TiO_2进行了电子顺磁自旋共振(ESR)分析,结果如图6-66所示。通过使用5,5-二甲基-1-吡咯啉-N-氧化物(DMPO)作为自旋捕获剂溶解在水中自旋捕获活性物种羟基自由基(·OH),将自旋捕获剂DMPO溶解在甲醇中使其自旋捕获活性物种超氧自由基(·O_2^-)。图6-66(a)、(b)是在暗反应条件下对TiO_2、PCN-224(Cu)和15%P(Cu)/TiO_2进行ESR检测分析。从图中可以观察到,在暗反应条件下,对样品TiO_2,PCN-224(Cu)和15%P(Cu)/TiO_2中DMPO-·OH和DMPO-·O_2^-的信号峰都没有被检测到。然而,当在光照条件下,对于PCN-224(Cu)样品并没有检测到有DMPO-·OH信号峰的存在,而在相同情况下对于TiO_2和15%P(Cu)/TiO_2样品可以清楚地观察到相对强度为1:2:2:1的四重信号峰,对应于DMPO-·OH的信号峰,如图6-66(c)所示,与此同时,我们还发现15%P(Cu)/TiO_2复合样品中DMPO-·OH的信号峰强度远远强于纯TiO_2的。从图6-66(d)中我们观察到,在光照条件下对于PCN-224(Cu)和15%P(Cu)/TiO_2样品可以清楚地观察到四个具有相同强度的显著特征峰,归属于DMPO-·O_2^-的信号峰,并且15%P(Cu)/TiO_2复合样品中DMPO-·O_2^-的信号峰强度也远高于纯PCN-224(Cu)的。相反,对于纯TiO_2样品没有检测到DMPO-·O_2^-的信号峰。由此可知,所有光催化剂在暗反应条件下均未检测到DMPO-·OH和DMPO-·O_2^-的信号峰,表明活性氧物种(ROS)是在可见光的激发下产生的。所有上述ROS捕获结果都表明,制备好的15%P(Cu)/TiO_2复合样品遵循Z-型转移机制而不是传统的异质结结构。此外,因为15%P(Cu)/TiO_2复合样品中产生DMPO-·OH和DMPO-·O_2^-的信号峰强度均比单一组分TiO_2和PCN-224(Cu)高,可以得出结论,新型Z-型机制显示出更有效的光生电子-空穴对的分离能力。

基于上述能带结构分析和ESR结果,15%P(Cu)/TiO_2复合物的带隙能和可能的机理如图6-65所示,并进一步做了如下详细的解释与验证。通常情况下,15%P(Cu)/TiO_2混合光催化体系应表示为传统的双向转移机制。由于匹配的带结构,将在从PCN-224(Cu)到TiO_2的方向上建立内部电场,当暴露于可见光下时,PCN-224(Cu)和TiO_2价带上的电子分别被光子激发到导带,受激电子可以从PCN-224(Cu)的导带(CB)转移到TiO_2的CB,发生还原反应;同时,光生空穴倾向于从TiO_2的价带(VB)转移到PCN-224(Cu)的VB,发生氧化反应。考虑到TiO_2的CB电位(-0.28 V vs. NHE)比O_2/·O_2^-(-0.33V vs. NHE)的标准电位更正,因此从热力学角度来考虑是无法产生·O_2^-的。类似地,PCN-224(Cu)的VB电位(1.04V vs. NHE)比H_2O/·OH(1.99V vs. NHE)和OH^-/·OH(2.34V vs. NHE)的标准电位更负,并且·OH的产生也被禁止。但是在这种情况下,可以检测到DMPO-·OH和DMPO-·O_2^-的信号峰,利用Z-型机制,TiO_2的内部静电场导致TiO_2的CB中的受激电子转移到界面,与PCN-224(Cu)的VB中的光生空穴结合,从而保留了PCN-224(Cu)的CB中电子的强还原性和TiO_2的VB中空穴的强氧化性。根据ESR谱图分析结果显示在15%P(Cu)/TiO_2混合光催化体系中也检测到了DMPO-·OH和DMPO-·O_2^-的信号峰,并且信号峰强度均强于单一组分的信号峰强度，因此可以确定我们所提出的 Z-型机制的光催化体系是合理的。

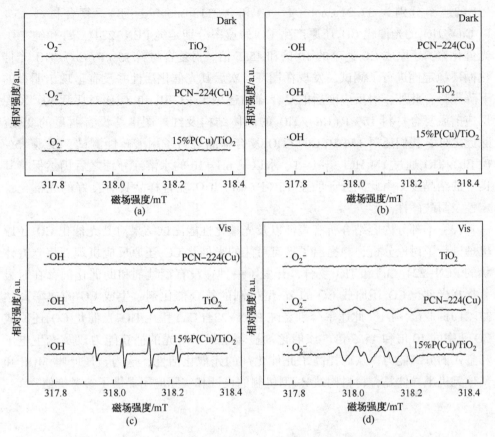

图 6-66　TiO_2、PCN-224(Cu)和 15%P(Cu)/TiO_2 样品在暗反应条件下（a，b）和光照条件下（c，d）的 ESR 光谱图

6.6.5　小结

(1) 本部分利用一步溶剂热法制备了 PCN-224(Cu)以及 PCN-224(Cu)与 TiO_2 质量百分比分别为 6%、7.5%、10%、15%、30%PCN-224(Cu)/TiO_2 复合材料和纯 TiO_2，并且分别标记为 P(Cu)、6%P(Cu)/TiO_2、7.5%P(Cu)/TiO_2、10%P(Cu)/TiO_2、15%P(Cu)/TiO_2、30%P(Cu)/TiO_2 和 TiO_2。并且利用一系列表征手段如 XRD、SEM、TEM、Mapping、XPS、BET、FT-IR、UV-vis DRS、I-t、SPS、EIS、PL 以及 ESR 等对所制备的催化剂进行了表征，基于上述结果证明复合材料 15%P(Cu)/TiO_2 已成功制备。

(2) 对所有样品进行了光催化 CO_2 还原性能测试，从中发现复合材料 15%

P(Cu)/TiO$_2$呈现出的光催化性能最佳，光催化活性最高。当PCN-224(Cu)的质量百分含量为15%时，复合材料15%P(Cu)/TiO$_2$的光催化CO$_2$还原产生CO和CH$_4$的速率分别为37.21μmol/(g·h)和0.2113μmol/(g·h)，复合材料15%P(Cu)/TiO$_2$的光催化CO$_2$还原产生CO的速率分别是纯PCN-224(Cu)和纯TiO$_2$光催化CO$_2$还原成CO速率的10倍和45.5倍。对复合材料15%P(Cu)/TiO$_2$光催化循环稳定性进行了测试，发现在循环4次后其光催化活性并没有呈现出明显的下降趋势；此外，对反应前后的复合样品还做了FT-IR和XRD对比测试，发现反应前后复合材料15%P(Cu)/TiO$_2$的晶体结构及红外图谱并没有明显的变化；除此之外，我们还对15%P(Cu)/TiO$_2$复合样品进行了耐酸碱性测试，发现15%P(Cu)/TiO$_2$通过1M HCl、pH=1、水以及pH=10的水溶液处理之后仍然保持其良好的结晶度，由此充分证明了15%P(Cu)/TiO$_2$复合样品具有良好的光催化稳定性及耐酸碱性。

（3）本部分内容结合所有表征以及光催化性能测试结果对其光催化CO$_2$还原机理进行了讨论分析，并提出了最有可能的光催化CO$_2$还原反应机理。将立方体状的PCN-224(Cu)和TiO$_2$复合，开发了一种在没有牺牲剂和助催化剂存在时显著提高光催化CO$_2$还原成CO的Z-型机制的复合催化剂，生成CO的速率高达37.21μmol/(g·h)，此速率分别是纯PCN-224(Cu)和纯TiO$_2$光催化CO$_2$还原成CO速率的10倍和45.5倍。该催化剂显著增强了对光的捕获能力以及光生电子和空穴的分离能力，从而提高了此催化剂的光催化活性，这为金属卟啉MOF和其他无机半导体复合材料构筑Z-型机制的设计和实际应用提供了参考价值。

7 光催化 CO_2 还原的实验装置及评价方法

目前，CO_2 的人工转换方法主要包括高温催化氢化、电催化还原、光催化转换、光电协同催化。在报道过的研究中，无论是高温催化氢化、电催化还原，还是光催化转换、光电协同催化都展现非常好的前景。本部分主要从光催化转换方面向读者介绍人工光合作用系统。

在光催化 CO_2 还原方面，研究人员们已探索出了很多类型的催化剂，如金属氧化物、硫化物和非金属氧化物，并表现出了优异的性能。自从 S Kato 和 F moso 报道了用 TiO_2 作为光催化剂在紫外光照射下催化四氢萘以来，TiO_2 以其优异的化学稳定性和低廉的成本得到了广泛的研究。

然而，TiO_2 只对紫外光响应，在可见光范围下不会被激发；当被紫外光激发后，其光生电荷复合率非常高，这些限制了 TiO_2 进一步的实际应用。为此，人们探索了掺杂、负载助催化剂、与其他半导体形成异质结等一系列的方法解决问题。其中，负载助催化剂可以大大提高光生载流子的分离效率，这被国内外研究人员广泛使用。

在光催化 CO_2 还原方面，贵金属被用作助催化剂的效果十分显著。但是贵金属的成本较高，很难应用于实际生产中。因此，研究人员们不断地寻求其他助催化剂来代替贵金属。

目前，有关二氧化钛光催化 CO_2 还原已经报道的复合材料有 Cu_2O/TiO_2、WSe_2-石墨烯-TiO_2、TiO_2/MOF、FeS_2/TiO_2、$CdS/TiO_2/SBA-15$@碳纸等。其中，金属硫化物（如 CdS，$ZnIn_2S_4$ 等）因具有独特电子结构和光学性质而常用来制备复合材料。

Zn-In-S 作为一种非常重要的三元半导体材料，其光催化活性高及禁带能量低在光催化领域受到广泛关注。本部分将以 $Zn_3In_2S_6/TiO_2$ 这种复合材料作为例子来介绍复合催化剂材料对 CO_2 还原的研究。

7.1 实验仪器

实验主要仪器设备见表 7-1。

表 7-1 实验主要仪器设备

实验仪器	型号	生产厂家
电子天平	CP214	奥豪斯仪器(上海)公司
超声波清洗仪	SK1200H	上海科导超声仪器有限公司
电热恒温鼓风干燥箱	DHG-9036A	上海精宏实验设备股份有限公司
恒温加热磁力搅拌器	SZCL-2	郑州长城科工贸有限公司
高速离心机	TG16-WS	长沙湘仪离心机有限公司
自动双纯水蒸馏器	SZ-93	上海亚荣生化仪器厂
气相色谱仪	GC2080	上海申分分析仪器有限公司
扫描电子显微镜	UltraPlus	德国 Garl Zeiss
透射电子显微镜	Tecnai F20	美国-FEI 公司
荧光光谱仪	LS-55	美国 PE 公司
电化学工作站	CHI650E	北京长拓仪器有限公司
紫外可见光谱仪	UV-1901	北京普析
X-射线粉末衍射仪	D8ADVANCE	德国 Bruker
傅里叶变换红外光谱仪	FTIR-650G	天津港东科技发展股份有限公司
氙灯光源	CEL-HXF300	北京中教金源科技有限公司

7.2 表征方法

7.2.1 光催化剂的表征

1. X-射线粉末衍射测试(XRD)

本部分中 X-射线粉末衍射(XRD)主要是对光催化剂材料进行物相分析,即定性和定量分析。定性分析是将材料所测得数据与标准物相数据进行对比,由此确定材料中存在的晶相和相关信息。如果所测得数据与标准物相仅仅对应一种晶相,说明材料只由一种晶相组成;相反,所测得数据对应多种晶相,即由多种晶相组成。然而定量分析则是根据衍射峰强度确定材料中各晶相的含量。

XRD 表征测试在 X-射线粉末衍射仪上进行,由日本理学公司生产,型号为 D/MAX-2200/PC(Cu 靶)。测试过程中工作电压、工作电流、扫描速率以及扫描范围分别是40kV、20mA、10°/min、5°~90°。通过测试数据与标准卡片进行对比得到材料物相信息。

2. 扫描电子显微镜测试(SEM)

扫描电子显微镜测试(SEM)主要是利用一束极狭窄的电子束对样品表面进行扫描，激发出次级电子，而次级电子的数量与样品表面结构相关。次级电子经过收集、转变两个过程，从电子变为光信号，再由光信号转变为电信号控制荧屏上电子束的强度，进而显示出与电子束一致的扫描图像。

SEM 主要是对样品表面结构进行表征。SEM 中能量色散光谱(EDS)的面扫(Element Mapping)和线扫可以分析出材料中包含的元素以及含量。本书中所有样品的 SEM 测试都是在冷场发射型扫描电子显微镜下进行，由日本电子株式会社生产，型号为 JSM-6701F。测试主要指标：放大倍数为×(25~650000)，图像分辨率是1.0nm(15kV)、2.2nm(1kV)，加速电压为0.5~30kV。

3. 固体紫外-可见光漫反射光谱测试(UV-vis DRS)

固体紫外-可见光漫反射光谱(UV-vis DRS)用于测定材料光学吸收性能。当光束进入至晶面层时，一部分光会在表层晶粒面发生镜面反射。同时，剩下的光发生折射进入表层晶粒面的内部，其部分光被吸收到达内部晶粒界面，进而再次发生反射、折射、散射、吸收四个过程并且进行多次反复。最后光从材料表层向不同方向反射出来，称为漫反射光，光的强度取决于材料对光的吸收和本身的物理性质。

所有样品的 UV-vis DRS 测试都是通过紫外-可见光分光光度计进行测试。测试主要参数：扫描范围是230~800nm，参比白板为 $BaSO_4$，扫描间距为2nm。

4. 透射电子显微镜测试(TEM)

透射电子显微镜测试(TEM)与 SEM 相比是一种具有更高分辨率和放大倍数的显微镜，广泛应用于材料研究中。通过 TEM 可以观察到材料内部结构信息，由于结构信息是通过电子束穿透样品得来，因此制备测试样品时需要非常薄。通过测试得到的样品形貌和晶格条纹间距可以进一步确定样品的化学组成。同时，选区电子衍射(SAED)可以作为辅证，而 EDX 可以对组成样品的化学元素进行定性和定量分析。

5. 光致荧光光谱测试(PL)

光致荧光光谱是通过在特定波段范围内的荧光强度和荧光从发生到猝灭的寿命来分析光催化剂的荧光特性和载流子迁移速率等信息。

所有样品的光致荧光光谱测试使用的是 PE，LS-55 型荧光分光光度计，激发波长为325nm。

6. 比表面积测试(BET)

比表面积的测量广泛应用于材料的吸附性能研究。BET 测试采用氮气吸脱附的方法，在测量前要对样品进行表面杂质脱气处理，再将样品置于氮气气氛中发生物理吸附，待达到吸附平衡测量吸附压力及气体量。

所有样品的测试比表面积的仪器由美国麦克仪器制造，型号为 TriStar Ⅱ 3020，测试温度为 77K。

7. 表面光电压谱测量(SPS)

材料的光诱导激发态电荷分离程度是通过表面光电压(SPS)光谱仪进行评估。其振幅反映了光吸收范围内的电荷分离程度。

8. 荧光寿命谱

测试条件为：298K，激发波长 370nm，监测波长 470nm，得到衰减曲线，拟合公式为：

$$I(t) = B + \sum_{i=1}^{n} (A_i) e^{\frac{t}{\tau_i}} \tag{7-1}$$

式中，A_i 和 τ_i 是第 i 项的指前因子。对于多数衰减方程而言，平均寿命 $\bar{\tau}$ 可以通过以下公式计算：

$$\bar{\tau} = \sum_{i=1}^{n} A_i \tau_i ; \quad a_i = \frac{A_i}{\sum A_i} \tag{7-2}$$

式中，a_i 是衰减分量。

7.2.2 (光)电化学性能测试

所有光电性能测试都在有三电极系统的电化学工作站(CHI650E)上完成。工作电极为光催化剂粉末制备的光电极薄膜，参比电极为装有氯化钾溶液的 Ag/AgCl 电极，对电极为铂片电极。测试中使用的电解液为 0.5mol/L Na_2SO_4 溶液，pH=7.35，光源为中教金源生产的 300W 氙灯(型号：CEL-HXF300)。具体测试步骤如下：

(1) 首先，配制 0.5mol/L Na_2SO_4 溶液。

(2) 工作电极的制备：0.005g 的光催化剂与 1mL 无水乙醇混合，超声搅拌 20min，得到分散均匀的悬浮液。取 20μL 的悬浮液滴涂到导电玻璃(1×1cm²)上均匀铺开，在红外灯下晾干。

(3) 将(2)中制备的电极置于盛有 Na_2SO_4 电解液的石英电解槽中，放置好三电极，打开电化学工作站设置参数，打开光源，待光源稳定后进行测试。

通过光电流和 EIS 测试能够研究光生载流子的分离效率。根据电化学理论，光电流越小,EIS图谱中圆弧半径越小,说明光生载流子的有效分离和较快的界面电子转移。

1. 计时安倍法(I-t)

计时安倍法(I-t)是在恒定外加电压下测定电流。在无光照和有光照条件下,得到时间与电流的关系曲线,不同光催化剂光电流不同。通过观察时间对光电流的衰减情况可以反映出光催化剂的光催化稳定性。

2. 电化学阻抗谱图(EIS)

电化学阻抗(Electrochemical Impedance Spectroscopy)可以分析电荷在光电极体相和界面迁移速率快慢。这种测试方法是通过对光电极施加一个随时间变化而变化的正弦扰动电压来表征电极体相以及界面的电荷传输。电化学阻抗奈奎斯特图(Nyquist plot),横纵标和纵坐标分别为阻抗实部和阻抗虚部负数,图中各点为不同频率下的阻抗值。由各个点连接成半圆的半径大小直接可知光电极的光电化学活性强弱信息,半径越大,其光电极体相和界面的电荷迁移就越慢,光电性能越差。相反,半径越小,其光电极体相和界面的电荷迁移就越快,光电性能越好。电化学阻抗测试条件:正弦波电压为0.01V,频率范围为0.1~100000Hz。

7.3 光催化还原性能评价

7.3.1 光催化还原的实验装置及实验方法

仪器组成:光催化反应器(钢制)、冷却水循环系统、温度计、压力表、真空泵、气相色谱(GC-2080)、光源(中教金源,CEL-HXF300)、氮气气瓶、二氧化碳气瓶、称量瓶,气体注射器等仪器。

催化还原实验采用实验室组装的简易实验装置如图7-1、图7-2所示。实验以氙灯为光源,光催化还原CO_2实验包括两部分检测到的光还原反应和还原产物检测。包括带有石英50mL玻璃反应器的顶部窗口,位于反应器上方8cm处的300W Xe灯和离线气相色谱(GC2080)。其中包括顶部具有石英窗口的50mL玻璃反应器,一个位于反应器上方8cm处的300W的Xe灯及离线气相色谱(GC2080)。UV灯(300nm<λ<420nm,20.5mW/cm^2)发光体,作为模拟可见光光源。在反应过程中反应器自始至终密封且置于25°C水浴中,确保整个反应过程在一个温度下进行。

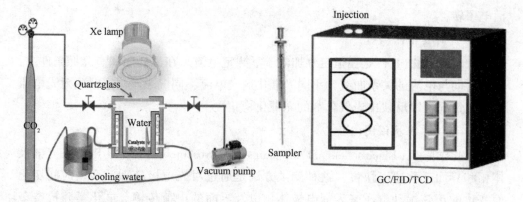

图 7-1　光催化还原反应装置　　　　图 7-2　光催化还原反应检测装置

实验在模拟的可见光条件下进行,将所制样品用于光催化还原二氧化碳实验,作为评价制得光催化剂催化性能的依据。实验过程如下:在反应器的底部加入 2mL 去离子水,再将盛有 100mg 光催化剂的 10mL 称量瓶置于光反应器中,并密封反应器。为了确保实验无干扰,反应器抽真空后,用超纯二氧化碳(99.0%)清洗并填充。打开针孔泵,对反应进行抽真空,再一次在反应器中充入二氧化碳气体,最后一次抽真空充入二氧化碳,使压强达到 0.1MPa,以确保反应器内二氧化碳的纯度。接着,把反应器置于光源正下方,再打开距离反应器 8cm 的 300W 氙灯作为模拟可见光光源,对反应器照射一定的时间。实验过程中给反应器通 25℃ 循环水,保证整个反应在一个温度下进行。

检测条件:TCD 检测器;色谱柱;载气:N_2;流速:30mL/min;样品进样量:0.6mL。

7.3.2　光催化还原的评价方法

本部分中主要用以下几个数据来评价所制样品的催化性能,计算公式如下。

(1) CO 产生速率

$$CO\,产生速率 = \frac{总的\,CO\,产量(\mu mol)}{总的催化剂的使用量(g) \times 时间(h)} \tag{7-3}$$

(2) CH_4 产生速率:

$$CH_4\,产生速率 = \frac{总的\,CH_4\,产量(\mu mol)}{总的催化剂的使用量(g) \times 时间(h)} \tag{7-4}$$

式中,CO 产生速率与 CH_4 产生速率的单位为 $\mu mol/(g \cdot h)$。

CO总产量与CH_4总产量由色谱直接分析测量，根据峰面积，通过标线计算可知。标线为：

$$y = 389208 \times X \tag{7-5}$$

式中，X为色谱积分得出的CO或CH_4的峰面积。

7.4 $Zn_3In_2S_6$/TiO_2光催化还原CO_2

7.4.1 催化剂的制备

将一定量(0.3%、0.5%、0.7%)的$Zn(NO_3)_2 \cdot 6H_2O$和$In(NO_3)_3 \cdot 4.5H_2O$在恒磁搅拌下溶解于54mL乙二醇中形成溶液，加入0.3g P25，磁搅拌0.5h，超声振荡1h，得到悬浮液，在磁力搅拌下加入一定量的硫代乙酰胺0.5h。将混合溶液倒入用聚四氟乙烯为内衬的100mL特氟隆不锈钢高压釜中，并保持在140℃下12h。之后，冷却至室温。将得到的黄色悬浮液用水和乙醇多次洗涤，然后在60℃的烘箱中完全干燥24h。对于标记为0.3ZIS/TiO_2、0.5ZIS/TiO_2和0.7ZIS/TiO_2的不同样品，Zn、In和硫代乙酰胺的摩尔比保持在1:2:8，Zn和TiO_2的摩尔比分别为0.3%、0.5%、0.7%。

在恒定磁力搅拌下，将0.5mmol $Zn(NO_3)_2 \cdot 6H_2O$和1mmol $In(NO_3)_3 \cdot 4.5H_2O$溶解于54mL乙二醇中0.5h。随后，在恒定磁力搅拌下向上述溶液中加入4mmol硫代乙酰胺0.5h。之后的步骤与$Zn_3In_2S_6$/TiO_2的合成相同，只是在合成过程中未添加P25。

7.4.2 催化剂的性能和表征

把制备的样品利用XRD、SEM、TEM、UV-vis DRS、EDX、I-t、EIS、PL等手段进行表征，来证明复合材料被成功制备。

1. XRD的测试分析

需要对光催化剂样品其进行XRD分析测试，根据测得数据与国际标准卡进行对比，证明设计的材料被成成制备。下面以$Zn_3In_2S_6$所测的XRD数据为例子来分析。

图7-3是纯TiO_2和复合材料ZIS/TiO_2的X-射线衍射(XRD)图。纯TiO_2的X-射线衍射峰与金红石型(JCPDS, No.21-1276)和锐钛矿型(JCPDS, No.21-1272)标准卡片的特征衍射峰一致，说明TiO_2由金红石和锐钛矿两种晶型组成。$Zn_3In_2S_6$的X-射线特征衍射峰与六方相(JCPDS No.80-0835)的标准卡片相符。

此外，复合材料 ZIS/TiO$_2$ 的 X-射线衍射峰强度随 Zn$_3$In$_2$S$_6$ 负载量增加而逐渐减小。这是由于 Zn$_3$In$_2$S$_6$ 的结晶度较低（通过 XRD 图能够看到），因此复合材料的 X-射线衍射峰强度随 Zn$_3$In$_2$S$_6$ 负载量增加而逐渐降低。但是复合材料的 XRD 中没有观察到 Zn$_3$In$_2$S$_6$ 的特征衍射峰，这是由于 Zn$_3$In$_2$S$_6$ 在复合材料中含量较低不能被检测到。

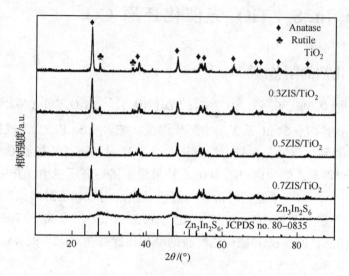

图 7-3　所有样品的 XRD 图

2. Zn$_3$In$_2$S$_6$/TiO$_2$ 的 SEM、TEM 测试分析

同样，制备的样品也要进行 SEM、TEM 测试分析，根据所得到测试图像观察样品的形貌粒径以及晶格间距来判断所制得样品是否与设想一致，下面以 Zn$_3$In$_2$S$_6$ 所测的 SEM、TEM 数据图像为例子来分析。

图 7-4 是纯 TiO$_2$ 和 0.5ZIS/TiO$_2$ 的 SEM、TEM 测试结果数码图像。图 7-4(a)和图 7-4(b)分别是纯 TiO$_2$ 和 0.5ZIS/TiO$_2$ 的 SEM 数码图像。通过图 7-4(a)可以看出纯 TiO$_2$ 为尺寸较小的纳米颗粒，并且通过图 7-4(b)可以看出 0.5ZIS/TiO$_2$ 的形貌与纯 TiO$_2$ 相似。从图 7-4(a)、(b)可以看出，纳米粒子的粒径和形貌没有发生明显变化，一方面是由于制备复合材料时所用温度相对较低，不能改变原材料的物理特性；另一方面，复合材料中 Zn$_3$In$_2$S$_6$ 的含量较低不足以改变其形貌和结构。

图 7-4(c)、(d)分别是纯 TiO$_2$ 和 0.5ZIS/TiO$_2$ 的 TEM 数码照片。从图 7-4(c)中可以观察到两组不同晶格条纹，其相应晶格间距分别为 0.355nm 和 0.226nm，这与 TiO$_2$ 锐钛矿型｛101｝晶面和金红石型｛200｝晶面的晶格间距一致，同时与 XRD 结果相匹配，再次说明 TiO$_2$ 由两种晶型组成。图 7-4(d)中有两组不

同晶格条纹，其晶格间距为 0.351nm 和 0.193nm，与 TiO_2 的锐钛矿型{101}晶面和 $Zn_3In_2S_6$ 的{110}晶面的晶格间距相吻合。由上述分析可以证明 ZIS/TiO_2 复合材料被成功制备。

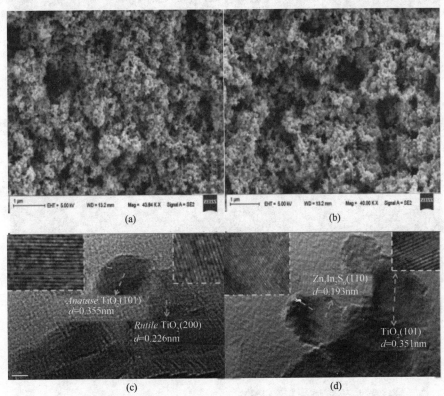

图 7-4　TiO_2(a) 和 $0.5ZIS/TiO_2$(b) 的扫描电镜图，
TiO_2(c) 和 $0.5ZIS/TiO_2$(d) 的透射电镜图

3. SEM 元素分布分析

所制备的样品也需要进行 SEM 元素分析，来确定样品的元素映射分布以及是否含有杂质等等，下面以 $Zn_3In_2S_6$ 所测的 SEM 元素数据图像为例子来分析。

图 7-5 是复合材料 $0.5ZIS/TiO_2$ 的元素扫描分布图。通过图 7-5 可以观察到 Ti 与 O 的元素映射形状一致并且非常均匀，这是由于 TiO_2 作为基底材料。同时，从图中可以找到 Zn、In、S 的元素映射并且分布均匀，这说明 $Zn_3In_2S_6$ 和 TiO_2 共存，证明复合材料 $0.5ZIS/TiO_2$ 被成功制备。另外，图中没有找到其他元素映射，这说明复合材料中没有杂质存在。

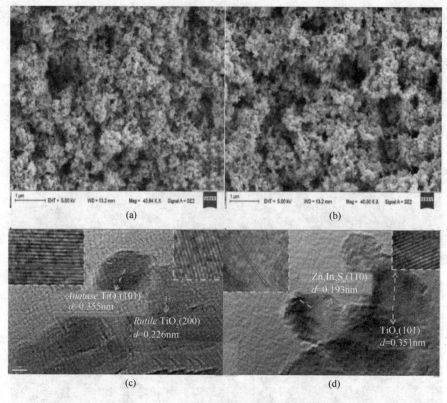

图 7-5　0.5ZIS/TiO$_2$的元素扫描分布图

4. X-射线光电子能谱分析(XPS)

实验中所制备的样品需要进一步研究其元素价态,因而要对样品进行 XPS 测试,下面以 Zn$_3$In$_2$S$_6$所测的 XPS 数据为例子来分析。

从图 7-6 可以观察到,在能谱的 1021.9eV 和 1044.9eV 处有 Zn 2p 的两个峰,这两个峰分别是 Zn 2p$_{3/2}$和 Zn 2p$_{1/2}$结合能峰,这说明 Zn 的价态为+2。图 7-6 是 In 3d 的能谱图,图中存在两个峰,分别在 444.8eV 和 452.5eV 处,它们对应 In 3d$_{5/2}$和 In 3d$_{3/2}$的结合能峰,这证明元素 In 的价态为+3。从图 7-6 可以看出,高分辨率光谱在 161.4eV 和 162.8eV 处存在两个峰,这两个峰与 S 2p$_{3/2}$和 S 2p$_{1/2}$的结合能一致,这说明 S 的价态为-2。

5. 紫外可见漫反射分析(UV-vis DRS)

要了解实验样品对光的吸收强度范围以及红移现象和禁带宽度,对实验样品做紫外可见漫反射分析测试,下面以 Zn$_3$In$_2$S$_6$所测的紫外可见漫反射数据为例子来分析。

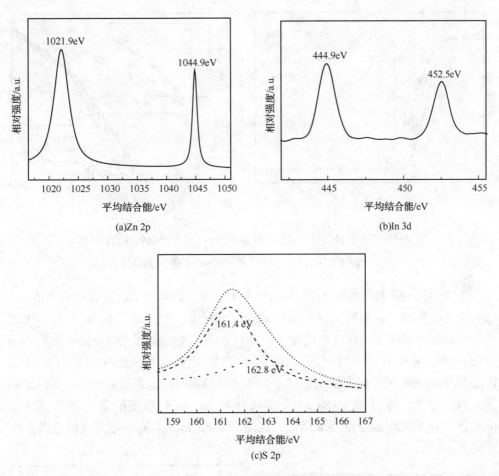

图 7-6　0.5 ZIS/TiO$_2$ 的高分辨率 XPS 光谱

图 7-7(a)是所有样品的紫外-可见光漫反射光谱图。由于纯 TiO$_2$ 为白色粉末，Zn$_3$In$_2$S$_6$ 为黄色粉末，因此复合材料的颜色随 Zn$_3$In$_2$S$_6$ 含量增加而逐渐加深，在可见光范围的吸收强度逐渐增强。换句话说就是，复合材料的吸收边随 Zn$_3$In$_2$S$_6$ 含量增加而发生红移，并且 Zn$_3$In$_2$S$_6$ 拥有最大吸收边。图 7-7(b)是所有制备样品的禁带宽度图。由图可以看出，复合材料禁带宽度随 Zn$_3$In$_2$S$_6$ 含量逐渐增加而逐渐减小，且由插图可知 Zn$_3$In$_2$S$_6$ 拥有最小的禁带宽度。禁带宽度减小，对光的利用效率提高，这个结果与紫外-可见光漫反射结论一致。

6. 光电性能测试

测定实验样品的光电化学(PEC)性能是为了进一步了解样品的光催化 CO$_2$ 还原机理。下面以 Zn$_3$In$_2$S$_6$ 所测的光电性能数据为例子来分析。

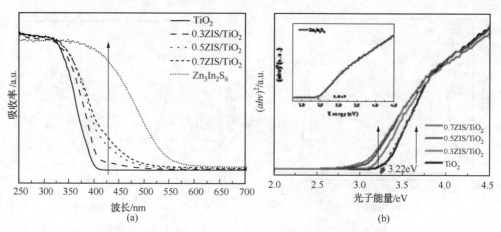

图 7-7　TiO_2 和复合材料 ZIS/TiO_2 的紫外-可见光漫反射光谱(a)和
禁带宽度图(b)[(b)中插图为 $Zn_3In_2S_6$ 的禁带宽度图]

图 7-8(a)是 TiO_2 和 0.5ZIS/TiO_2 的 I-t 曲线。如图所示，复合材料 0.5ZIS/TiO_2 与 TiO_2 相比，其表现出理想的瞬态光电流强度。一方面，$Zn_3In_2S_6$ 和 TiO_2 之间的界面融合促进了电荷转移的速率，并且提高了光生载流子的分离效率；另一方面，复合材料 0.5ZIS/TiO_2 可以有效地产生光生电子-空穴对。由此可知 0.5ZIS/TiO_2 拥有更好的光催化活性，这个测试结果与 CO_2 光催化还原性能测试结果一致。另外，通过图 7-8(a)可以观察到 TiO_2 拥有稳定的光电流性能，而 0.5ZIS/TiO_2 的光电流强度逐渐降低，这是由于 $Zn_3In_2S_6$ 具有一定光腐蚀造成。

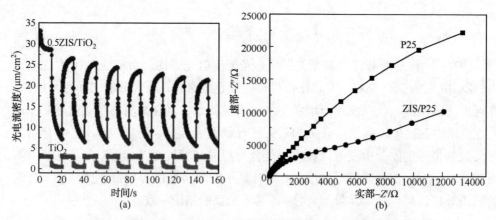

图 7-8　TiO_2 和 0.5ZIS/TiO_2 的光电流性能测试(a)和电化学阻抗
奈奎斯特图(b)(0.8V，0.5mol/L Na_2SO_4，pH=7.35)

图 7-8(b)是纯 TiO_2 和 $0.5ZIS/TiO_2$ 的电化学阻抗奈奎斯特图。通过 TiO_2 和 $0.5ZIS/TiO_2$ 的奈奎斯特图对比发现：电极 $0.5ZIS/TiO_2$ 拥有更小的电荷转移电阻。奈奎斯特曲线的测试结果与前面 I-t 曲线结论一致。由此，我们可以确定 $0.5ZIS/TiO_2$ 具有更高的光生电子和空穴分离效率以及较高的界面电荷转移速率。因此，$0.5ZIS/TiO_2$ 应拥有更高的光催化活性，光催化性能测试结果和光电化学性能测试结论一致，证明结论分析正确。

7. 光致荧光测试分析(PL)

光催化剂受光激发产生光生电子和空穴对，其中部分光生电子和空穴会发生复合，其复合能量以荧光形式放出，因此光致荧光光谱能够反映其光催化活性。下面以 $Zn_3In_2S_6$ 所测的光致荧光数据为例子来分析。

图 7-9 是纯 TiO_2 和 $0.5ZIS/TiO_2$ 的光致发光(PL)光谱(激发波长为 325nm)。通过图 7-9 可以观察到 $0.5ZIS/TiO_2$ 的荧光强度比纯 TiO_2 高，这说明 $0.5ZIS/TiO_2$ 光催化体系中的光生载流子复合速率更快。通常，复合材料光催化剂的荧光强度应该降低，然而，在这个光催化体系中，复合材料的荧光强度增强，传统的光催化机理不能解释这一现象。因此，ZIS/TiO_2 光催化体系是通过 Z 型电子转移方式传输电子。在光催化反应中，TiO_2 导带(CB)上的光生电子和 $Zn_3In_2S_6$ 价带(VB)的光生空穴在 TiO_2 与 $Zn_3In_2S_6$ 的界面复合，TiO_2 价带(VB)上的光生空穴和 $Zn_3In_2S_6$ 导带(CB)的光生电子分别发生氧化还原反应。

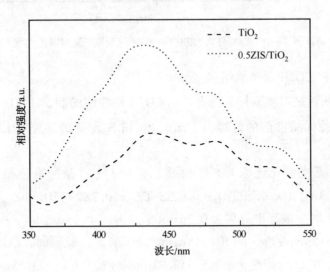

图 7-9　TiO_2 和 $0.5ZIS/TiO_2$ 的光致发光光谱

8. 氮气吸脱附曲线

为了解实验样品比表面积变化,对样品进行了 N_2 吸附-脱附等温曲线测试,下面以 $Zn_3In_2S_6$ 所测的氮气吸脱附曲线数据为例子来分析。

如图 7-10 所示,通过测试结果可知 TiO_2 和复合材料 0.5ZIS/TiO_2 的比表面积分别为 44.79m^2/g 和 51m^2/g,故 0.5ZIS/TiO_2 拥有更大的比表面积,从而为光催化反应提供更多光催化活性位点。因此,复合材料 0.5ZIS/TiO_2 可能拥有更好的光催化活性,这与光催化 CO_2 还原性能测试结果一致。

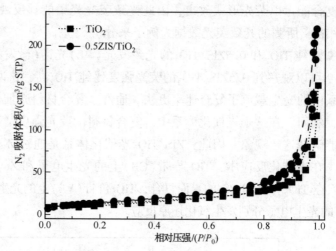

图 7-10 TiO_2 与 0.5ZIS/TiO_2 的氮气吸附-脱附等温曲线

9. 光催化 CO_2 还原性能测试

最重要的就是对实验样品的光催化 CO_2 还原性能的测试,这方面测试可以直观地知道实验样品性能的好坏,下面以 $Zn_3In_2S_6$ 所测的还原 CO_2 数据为例子来分析。

图 7-11 是光催化还原 CO_2 性能图。图 7-11(a)是所有样品的光催化还原 CO_2 速率图。TiO_2、0.3ZIS/TiO_2、0.5ZIS/TiO_2、0.7ZIS/TiO_2 和 $Zn_3In_2S_6$ 光催化还原 CO_2 为 CH_4 的生成速率分别为 0.2μmol/(g·h)、4.75μmol/(g·h)、6.1μmol/(g·h)、3.815μmol/(g·h)和 0.18μmol/(g·h)。与此同时,CO 的光催化生成速率分别为 0.15μmol/(g·h)、12.93μmol/(g·h)、23.35μmol/(g·h)、8.73μmol/(g·h)和 0.9μmol/(g·h)。当负载 0.5% $Zn_3In_2S_6$ 时,复合材料拥有最高的光催化活性,其光催化活性是 TiO_2 的 84 倍。复合材料光催化活性较高的原因是:一方面,在 TiO_2 和 $Zn_3In_2S_6$ 的界面上,光生电子和空穴通过 Z 型电子转

移,其分离效率得到大幅度提升;另一方面,复合材料的比表面积增大,其光催化活性位点增多。然而,当负载量达到0.7%时,其复合材料的光催化活性降低。一方面,过多$Zn_3In_2S_6$会覆盖在原来光催化活性位点上,使复合材料的光催化活性位点减少;另一方面,过剩$Zn_3In_2S_6$会限制TiO_2对光的吸收,因而导致与$Zn_3In_2S_6$光生空穴复合的TiO_2光生电子减少,故复合材料的光催化活性降低。图7-11b是0.5ZIS/TiO_2的光催化性能循环测试图。通过循环测试可以说明0.5ZIS/TiO_2具有良好的光催化还原稳定性。

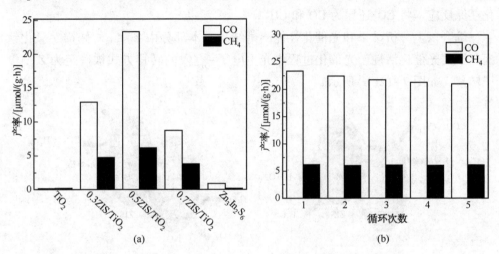

图7-11 TiO_2、0.3ZIS/TiO_2、0.5ZIS/TiO_2、0.7ZIS/TiO_2和$Zn_3In_2S_6$的CO和CH_4生成速率图(a),0.5ZIS/TiO_2的光催化循环稳定性能图(b)(300W氙灯)

7.5 光催化机理分析

根据TiO_2和$Zn_3In_2S_6$拥有合适的带隙结构和费米能级,因此我们提出了光生电子-空穴对最有可能的转移过程,如图7-12(a)和7-12(b)所示。如果光催化机理如图7-12(a)所示,$Zn_3In_2S_6$和TiO_2价带上的电子分别被光子激发到导带,$Zn_3In_2S_6$导带上的光生电子转移至TiO_2导带,发生还原反应;而TiO_2价带的光生空穴同时迁移至$Zn_3In_2S_6$价带,发生氧化反应。这种转移方式抑制了光生载流子复合,光催化活性提高。然而,这种光生载流子转移方式使光生电子位于电位-0.3V,而二氧化碳还原为一氧化碳的还原电位为-0.53V。所以,如果这个光催化系统的光生载流子转移方式如图7-12(a)所示,那么CO_2不能被还原为CO。因此,从光催化性能测试结果可知图7-12(a)中光催化机理不成立,故提出如图7-12(b)所示光催化机理。

如图 7-12(b)所示，在这个光催化系统中，TiO_2 和 $Zn_3In_2S_6$ 价带上的电子受光子激发跃迁至导带，分别形成光生-电子空穴对。在光催化反应中，TiO_2 和 $Zn_3In_2S_6$ 之间的固-固接触界面作为 TiO_2 导带上光生电子和 $Zn_3In_2S_6$ 价带上光生空穴的复合中心，光生电子和空穴复合会放出能量，能量以荧光形式放出，因此导致光致荧光发光增强。在复合材料中参与光催化反应的光生电子拥有比纯 TiO_2 更强的还原能力，复合材料拥有更高的光催化活性。TiO_2 价带上的光生空穴与 H_2O 发生氧化反应生成 H^+ 和 O_2。与此同时 $Zn_3In_2S_6$ 价带上的光生电子与 CO_2 发生光催化还原反应，将 CO_2 还原为 CO 和 CH_4。

综合以上分析结果和光催化性能测试结果，本部分中 $Zn_3In_2S_6$ 修饰二氧化钛提高了其光催化活性，光催化过程中光生电子-空穴的转移方式被确定为 Z 型电子转移，如图 7-12(b)所示。

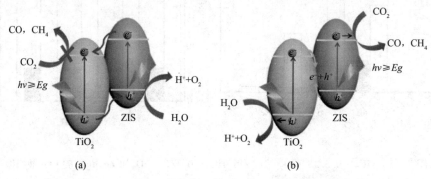

图 7-12　ZIS/TiO_2 复合材料的 CO_2 光催化还原机理图

7.6　小结

（1）本部分介绍了 CO_2 还原的一般装置，样品制备方法及相关测试参数。同时，利用色谱分析，从而确定 CO_2 还原的产物及其产量。

（2）利用溶剂热法制备了 $Zn_3In_2S_6$ 与 TiO_2 摩尔比分别为 0.3%、0.5%、0.7% $Zn_3In_2S_6$/TiO_2 复合材料和纯 $Zn_3In_2S_6$，并且样品分别标记为 0.3ZIS/TiO_2、0.5ZIS/TiO_2、0.7ZIS/TiO_2、$Zn_3In_2S_6$。

（3）对一系列 $Zn_3In_2S_6$/TiO_2 复合材料进行了光催化还原 CO_2 性能测试，通过测试结果发现 0.5ZIS/TiO_2 是最高效的光催化剂。当 $Zn_3In_2S_6$ 负载量为 0.5%时，复合材料 0.5ZIS/TiO_2 的光催化还原产物的生成速率如下：CH_4 为 6.1μmol/(g·h)，CO 为 23.35μmol/(g·h)，光催化活性是纯 TiO_2 的 84 倍。对复合材料 0.5ZIS/TiO_2 光催化循环稳定性进行测试，发现在循环 5 次后其光催化还原活性没有明显降低，说明 0.5ZIS/TiO_2 具有良好的光催化稳定性。

（4）本部分结合所有表征结果和光催化性能测试结果对光催化机理进行了讨论分析，并提出了最可能的光催化还原 CO_2 机理。在此光催化体系中，$Zn_3In_2S_6$ 与 TiO_2 的连接界面作为 TiO_2 导带上光生电子和 $Zn_3In_2S_6$ 价带上光生空穴的复合中心，从而抑制了参与反应的光生载流子复合。$Zn_3In_2S_6$ 导带上的光生电子在其表面发生光催化还原反应，TiO_2 价带上的光生空穴在其表面发生氧化反应，并且光生电子的还原能力提高。因此，复合材料抑制了光生载流子复合，从而提高了复合材料的光催化活性。

参 考 文 献

[1] Tan J Z Y, Maroto-Valer M M. A review of nanostructured non-titania photocatalysts and hole scavenging agents for CO_2 photoreduction processes[J]. Journal of Materials Chemistry A, 2019, 7(16): 9368-9385.

[2] Chang X, Wang T, Gong J. CO_2 photo-reduction: insights into CO_2 activation and reaction on surfaces of photocatalysts[J]. Energy & Environmental Science, 2016, 9(7): 2177-2196.

[3] Anpo M, Yamashita H, Ichihashi Y, et al. Photocatalytic reduction of CO_2 with H_2O on various titanium oxide catalysts[J]. Journal of Electroanalytical Chemistry, 1995, 396(1-2): 21-26.

[4] Hurum D C, Agrios A G, Gray K A, et al. Explaining the enhanced photocatalytic activity of Degussa P25 mixed-phase TiO_2 using EPR[J]. The Journal of Physical Chemistry B, 2003, 107(19): 4545-4549.

[5] Zhao H, Liu L, Andino J M, et al. Bicrystalline TiO_2 with controllable anatase-brookite phase content for enhanced CO_2 photoreduction to fuels[J]. Journal of Materials Chemistry A, 2013, 1(28): 8209-8216.

[6] Pan H, Gu B, Zhang Z. Phase-dependent photocatalytic ability of TiO_2: a first-principles study [J]. Journal of Chemical Theory and Computation, 2009, 5(11): 3074-3078.

[7] Liu L, Zhao H, Andino J M, et al. Photocatalytic CO_2 reduction with H_2O on TiO_2 nanocrystals: Comparison of anatase, rutile, and brookite polymorphs and exploration of surface chemistry [J]. Acs Catalysis, 2012, 2(8): 1817-1828.

[8] Ohno T, Higo T, Murakami N, et al. Photocatalytic reduction of CO_2 over exposed-crystal-face-controlled TiO_2 nanorod having a brookite phase with co-catalyst loading[J]. Applied Catalysis B: Environmental, 2014, 152: 309-316.

[9] Ma Y, Wang X, Jia Y, et al. Titanium dioxide-based nanomaterials for photocatalytic fuel generations[J]. Chemical reviews, 2014, 114(19): 9987-10043.

[10] Lazzeri M, Vittadini A, Selloni A. Structure and energetics of stoichiometric TiO_2 anatase surfaces[J]. Physical Review B, 2001, 63(15): 155409.

[11] Pan J, Liu G, Lu G Q, et al. On the true photoreactivity order of {001}, {010}, and {101} facets of anatase TiO_2 crystals[J]. Angewandte Chemie International Edition, 2011, 50(9): 2133-2137.

[12] Yu J, Low J, Xiao W, et al. Enhanced photocatalytic CO_2-reduction activity of anatase TiO_2 by coexposed {001} and {101} facets[J]. Journal of the American Chemical Society, 2014, 136(25): 8839-8842.

[13] Ye L, Mao J, Peng T, et al. Opposite photocatalytic activity orders of low-index facets of anatase TiO_2 for liquid phase dye degradation and gaseous phase CO_2 photoreduction[J]. Physical Chemistry Chemical Physics, 2014, 16(29): 15675-15680.

[14] Nasution H W, Purnama E, Kosela S, et al. Photocatalytic reduction of CO_2 on copper-doped Titania catalysts prepared by improved-impregnation method[J]. Catalysis Communications, 2005, 6(5): 313-319.

[15] Matějová L, Kočí K, Reli M, et al. Preparation, characterization and photocatalytic properties of cerium doped TiO_2: On the effect of Ce loading on the photocatalytic reduction of carbon dioxide[J]. Applied Catalysis B: Environmental, 2014, 152: 172-183.

[16] Li J, Zhang M, Guan Z, et al. Synergistic effect of surface and bulk single-electron-trapped oxygen vacancy of TiO_2 in the photocatalytic reduction of CO_2[J]. Applied Catalysis B: Environmental, 2017, 206: 300-307.

[17] Manzanares M, Fàbrega C, Ossó J O, et al. Engineering the TiO_2 outermost layers using magnesium for carbon dioxide photoreduction[J]. Applied Catalysis B: Environmental, 2014, 150: 57-62.

[18] Zheng Z, Huang B, Meng X, et al. Metallic zinc-assisted synthesis of Ti^{3+} self-doped TiO_2 with tunable phase composition and visible-light photocatalytic activity[J]. Chemical Communications, 2013, 49(9): 868-870.

[19] Chen X, Liu L, Peter Y Y, et al. Increasing solar absorption for photocatalysis with black hydrogenated titanium dioxide nanocrystals[J]. Science, 2011, 331(6018): 746-750.

[20] Liu G, Zhao Y, Sun C, et al. Synergistic effects of B/N doping on the visible-light photocatalytic activity of mesoporous TiO_2[J]. Angewandte Chemie International Edition, 2008, 47(24): 4516-4520.

[21] Asahi R, Morikawa T, Ohwaki T, et al. Visible-light photocatalysis in nitrogen-doped titanium oxides[J]. science, 2001, 293(5528): 269-271.

[22] She H, Zhou H, Li L, et al. Nickel-doped excess oxygen defect titanium dioxide for efficient selective photocatalytic oxidation of benzyl alcohol[J]. ACS Sustainable Chemistry & Engineering, 2018, 6(9): 11939-11948.

[23] Zhang Q, Li Y, Ackerman E A, et al. Visible light responsive iodine-doped TiO_2 for photocatalytic reduction of CO_2 to fuels[J]. Applied Catalysis A: General, 2011, 400(1-2): 195-202.

[24] In S I, Vaughn D D, Schaak R E. Hybrid $CuO-TiO_{2-x}N_x$ Hollow Nanocubes for Photocatalytic Conversion of CO_2 into Methane under Solar Irradiation[J]. Angewandte Chemie International Edition, 2012, 51(16): 3915-3918.

[25] Yang Y, Yin L C, Gong Y, et al. An unusual strong visible-light absorption band in red anatase TiO_2 photocatalyst induced by atomic hydrogen-occupied oxygen vacancies[J]. Advanced Materials, 2018, 30(6): 1704479.

[26] Tan H, Zhao Z, Niu M, et al. A facile and versatile method for preparation of colored TiO_2 with enhanced solar-driven photocatalytic activity[J]. Nanoscale, 2014, 6(17): 10216-10223.

[27] Yan Y, Han M, Konkin A, et al. Slightly hydrogenated TiO_2 with enhanced photocatalytic performance[J]. Journal of Materials Chemistry A, 2014, 2(32): 12708-12716.

[28] Billo T, Fu F Y, Raghunath P, et al. Ni-nanocluster modified black TiO_2 with dual active sites for selective photocatalytic CO_2 reduction[J]. Small, 2018, 14(2): 1702928.

[29] Liu L, Gao F, Zhao H, et al. Tailoring Cu valence and oxygen vacancy in Cu/TiO_2 catalysts for enhanced CO_2 photoreduction efficiency[J]. Applied Catalysis B: Environmental, 2013, 134: 349-358.

[30] Liu S, Yuan S, Zhang Q, et al. Fabrication and characterization of black TiO_2 with different Ti^{3+} concentrations under atmospheric conditions[J]. Journal of Catalysis, 2018, 366: 282-288.

[31] Kar P, Zeng S, Zhang Y, et al. High rate CO_2 photoreduction using flame annealed TiO_2 nanotubes[J]. Applied Catalysis B: Environmental, 2019, 243: 522-536.

[32] Liu X, Gao S, Xu H, et al. Green synthetic approach for Ti^{3+} self-doped TiO_{2-x} nanoparticles

with efficient visible light photocatalytic activity[J]. Nanoscale, 2013, 5(5): 1870-1875.

[33] Liu X, Zhu G, Wang X, et al. Progress in black titania: a new material for advanced photocatalysis[J]. Advanced Energy Materials, 2016, 6(17): 1600452.

[34] Qingli W, Zhaoguo Z, Xudong C, et al. Photoreduction of CO_2 using black TiO_2 films under solar light[J]. Journal of CO_2 Utilization, 2015, 12: 7-11.

[35] Yan X, Xing Z, Cao Y, et al. In-situ CNS-tridoped single crystal black TiO_2 nanosheets with exposed {001} facets as efficient visible-light-driven photocatalysts[J]. Applied Catalysis B: Environmental, 2017, 219: 572-579.

[36] Pan L, Ai M, Huang C, et al. Manipulating spin polarization of titanium dioxide for efficient photocatalysis[J]. Nature communications, 2020, 11(1): 1-9.

[37] Xiong Z, Lei Z, Kuang C C, et al. Selective photocatalytic reduction of CO_2 into CH_4 over Pt-Cu_2O TiO_2 nanocrystals: The interaction between Pt and Cu_2O cocatalysts[J]. Applied Catalysis B: Environmental, 2017, 202: 695-703.

[38] Chen B R, Nguyen V H, Wu J C S, et al. Production of renewable fuels by the photohydrogenation of CO_2: effect of the Cu species loaded onto TiO_2 photocatalysts[J]. Physical Chemistry Chemical Physics, 2016, 18(6): 4942-4951.

[39] Huang K, Sun C L, Shi Z J. Transition-metal-catalyzed C-C bond formation through the fixation of carbon dioxide[J]. Chemical Society Reviews, 2011, 40(5): 2435-2452.

[40] Yui T, Kan A, Saitoh C, et al. Photochemical reduction of CO_2 using TiO_2: effects of organic adsorbates on TiO_2 and deposition of Pd onto TiO_2[J]. ACS applied materials & interfaces, 2011, 3(7): 2594-2600.

[41] Camarillo R, Toston S, Martinez F, et al. Enhancing the photocatalytic reduction of CO_2 through engineering of catalysts with high pressure technology: Pd/TiO_2 photocatalysts[J]. The Journal of Supercritical Fluids, 2017, 123: 18-27.

[42] Collado L, Reynal A, Coronado J M, et al. Effect of Au surface plasmon nanoparticles on the selective CO_2 photoreduction to CH_4[J]. Applied Catalysis B: Environmental, 2015, 178: 177-185.

[43] Zhu Z, Qin J, Jiang M, et al. Enhanced selective photocatalytic CO_2 reduction into CO over Ag/CdS nanocomposites under visible light[J]. Applied Surface Science, 2017, 391: 572-579.

[44] Tahir M, Tahir B, Amin N A S, et al. Photo-induced reduction of CO_2 to CO with hydrogen over plasmonic Ag-NPs/TiO_2 NWs core/shell hetero-junction under UV and visible light[J]. Journal of CO_2 Utilization, 2017, 18: 250-260.

[45] Li K, Peng B, Peng T. Recent advances in heterogeneous photocatalytic CO_2 conversion to solar fuels[J]. ACS Catalysis, 2016, 6(11): 7485-7527.

[46] Reñones P, Moya A, Fresno F, et al. Hierarchical TiO_2 nanofibres as photocatalyst for CO_2 reduction: Influence of morphology and phase composition on catalytic activity[J]. Journal of CO_2 Utilization, 2016, 15: 24-31.

[47] Jiao J, Wei Y, Zhao Y, et al. AuPd/3DOM-TiO_2 catalysts for photocatalytic reduction of CO_2: High efficient separation of photogenerated charge carriers[J]. Applied Catalysis B: Environmental, 2017, 209: 228-239.

[48] Ye J, He J, Wang S, et al. Nickel-loaded black TiO_2 with inverse opal structure for photocatalytic reduction of CO_2 under visible light[J]. Separation and Purification Technology, 2019,

220: 8-15.

[49] Yang G, Chen D, Ding H, et al. Well-designed 3D $ZnIn_2S_4$ nanosheets/TiO_2 nanobelts as direct Z-scheme photocatalysts for CO_2 photoreduction into renewable hydrocarbon fuel with high efficiency[J]. Applied Catalysis B: Environmental, 2017, 219: 611-618.

[50] Li X, Yu J, Jaroniec M, et al. Cocatalysts for selective photoreduction of CO_2 into solar fuels [J]. Chemical reviews, 2019, 119(6): 3962-4179.

[51] Bie C, Zhu B, Xu F, et al. In situ grown monolayer N-doped graphene on CdS hollow spheres with seamless contact for photocatalytic CO_2 reduction [J]. Advanced Materials, 2019, 31 (42): 1902868.

[52] Chai Y, Lu J, Li L, et al. TEOA-induced in situ formation of wurtzite and zinc-blende CdS heterostructures as a highly active and long-lasting photocatalyst for converting CO_2 into solar fuel[J]. Catalysis Science & Technology, 2018, 8(10): 2697-2706.

[53] Tan L L, Ong W J, Chai S P, et al. Noble metal modified reduced graphene oxide/TiO_2 ternary nanostructures for efficient visible-light-driven photoreduction of carbon dioxide into methane [J]. Applied Catalysis B: Environmental, 2015, 166: 251-259.

[54] Jin J, Yu J, Guo D, et al. A hierarchical Z-scheme CdS-WO_3 photocatalyst with enhanced CO_2 reduction activity[J]. Small, 2015, 11(39): 5262-5271.

[55] Men Y L, You Y, Pan Y X, et al. Selective CO evolution from photoreduction of CO_2 on a metal-carbide-based composite catalyst[J]. Journal of the American Chemical Society, 2018, 140 (40): 13071-13077.

[56] Wang S, Guan B Y, Lou X W D. Construction of $ZnIn_2S_4$-In_2O_3 hierarchical tubular heterostructures for efficient CO_2 photoreduction[J]. Journal of the American Chemical Society, 2018, 140(15): 5037-5040.

[57] Xu G, Zhang H, Wei J, et al. Integrating the g-C_3N_4 Nanosheet with B-H Bonding Decorated Metal-Organic Framework for CO_2 Activation and Photoreduction[J]. ACS nano, 2018, 12 (6): 5333-5340.

[58] Su Y, Zhang Z, Liu H, et al. $Cd_{0.2}Zn_{0.8}$S@ UiO-66-NH_2 nanocomposites as efficient and stable visible-light-driven photocatalyst for H_2 evolution and CO_2 reduction[J]. Applied Catalysis B: Environmental, 2017, 200: 448-457.

[59] Chen E X, Qiu M, Zhang Y F, et al. Acid and Base Resistant Zirconium Polyphenolate-Metalloporphyrin Scaffolds for Efficient CO_2 Photoreduction [J]. Advanced Materials, 2018, 30 (2): 1704388.

[60] Goettmann F, Fischer A, Antonietti M, et al. Chemical synthesis of mesoporous carbon nitrides using hard templates and their use as a metal-free catalyst for Friedel-Crafts reaction of benzene [J]. Angewandte Chemie International Edition, 2006, 45(27): 4467-4471.

[61] Wang X, Maeda K, Thomas A, et al. A metal-free polymeric photocatalyst for hydrogen production from water under visible light[J]. Nature materials, 2009, 8(1): 76-80.

[62] Dong G, Zhang L. Porous structure dependent photoreactivity of graphitic carbon nitride under visible light[J]. Journal of Materials Chemistry, 2012, 22(3): 1160-1166.

[63] Mo Z, Zhu X, Jiang Z, et al. Porous nitrogen-rich g-C_3N_4 nanotubes for efficient photocatalytic CO_2 reduction[J]. Applied Catalysis B: Environmental, 2019, 256: 117854.

[64] Tu W, Xu Y, Wang J, et al. Investigating the role of tunable nitrogen vacancies in graphitic carbon nitride nanosheets for efficient visible-light-driven H_2 evolution and CO_2 reduction

[J]. ACS Sustainable Chemistry & Engineering, 2017, 5(8): 7260-7268.

[65] Yang P, Zhuzhang H, Wang R, et al. Carbon vacancies in a melon polymeric matrix promote photocatalytic carbon dioxide conversion[J]. Angewandte Chemie International Edition, 2019, 58(4): 1134-1137.

[66] Zhou M, Wang S, Yang P, et al. Layered heterostructures of ultrathin polymeric carbon nitride and $ZnIn_2S_4$ nanosheets for photocatalytic CO_2 reduction[J]. Chemistry-A European Journal, 2018, 24(69): 18529-18534.

[67] Kang Q, Wang T, Li P, et al. Photocatalytic reduction of carbon dioxide by hydrous hydrazine over Au-Cu alloy nanoparticles supported on $SrTiO_3/TiO_2$ coaxial nanotube arrays[J]. Angewandte Chemie, 2015, 127(3): 855-859.

[68] Ou M, Tu W, Yin S, et al. Amino-assisted anchoring of $CsPbBr_3$ perovskite quantum dots on porous $g-C_3N_4$ for enhanced photocatalytic CO_2 reduction[J]. Angewandte Chemie, 2018, 130(41): 13758-13762.

[69] Xu Y F, Yang M Z, Chen H Y, et al. Enhanced solar-driven gaseous CO_2 conversion by $CsPbBr_3$ nanocrystal/pd nanosheet schottky-junction photocatalyst[J]. ACS Applied Energy Materials, 2018, 1(9): 5083-5089.

[70] Liang Y T, Vijayan B K, Lyandres O, et al. Effect of dimensionality on the photocatalytic behavior of carbon-titania nanosheet composites: charge transfer at nanomaterial interfaces[J]. The journal of physical chemistry letters, 2012, 3(13): 1760-1765.

[71] Zhu X, Zhang T, Sun Z, et al. Black phosphorus revisited: a missing metal-free elemental photocatalyst for visible light hydrogen evolution[J]. Advanced Materials, 2017, 29(17): 1605776.

[72] Low J, Jiang C, Cheng B, et al. A review of direct Z-scheme photocatalysts[J]. Small Methods, 2017, 1(5): 1700080.

[73] Tada H, Mitsui T, Kiyonaga T, et al. All-solid-state Z-scheme in $CdS-Au-TiO_2$ three-component nanojunction system[J]. Nature materials, 2006, 5(10): 782-786.

[74] Wu F, Li X, Liu W, et al. Highly enhanced photocatalytic degradation of methylene blue over the indirect all-solid-state Z-scheme $g-C_3N_4-RGO-TiO_2$ nanoheterojunctions[J]. Applied Surface Science, 2017, 405: 60-70.

[75] Wang P, Wang J, Wang X, et al. $Cu_2O-rGO-CuO$ Composite: An Effective Z-scheme Visible-Light Photocatalyst[J]. Current Nanoscience, 2015, 11(4): 462-469.

[76] Li P, Zhou Y, Li H, et al. All-solid-state Z-scheme system arrays of $Fe_2V_4O_{13}/RGO/CdS$ for visible light-driving photocatalytic CO_2 reduction into renewable hydrocarbon fuel[J]. Chemical Communications, 2014, 51(4): 800-803.

[77] Kuai L, Zhou Y, Tu W, et al. Rational construction of a CdS/reduced graphene oxide/TiO_2 core-shell nanostructure as an all-solid-state Z-scheme system for CO_2 photoreduction into solar fuels[J]. RSC advances, 2015, 5(107): 88409-88413.

[78] Wang M, Han Q, Li L, et al. Construction of an all-solid-state artificial Z-scheme system consisting of $Bi_2WO_6/Au/CdS$ nanostructure for photocatalytic CO_2 reduction into renewable hydrocarbon fuel[J]. Nanotechnology, 2017, 28(27): 274002.

[79] Murugesan P, Narayanan S, Manickam M. Experimental studies on photocatalytic reduction of CO_2 using AgBr decorated $g-C_3N_4$ composite in TEA mediated system[J]. Journal of CO_2 Utilization, 2017, 22: 250-261.

[80] Liu X, Dong G, Li S, et al. Direct observation of charge separation on anatase TiO_2 crystals with selectively etched {001} facets[J]. Journal of the American Chemical Society, 2016, 138(9): 2917-2920.

[81] Zhang Y, Wang T, Zhou M, et al. Hydrothermal preparation of Ag-TiO_2 nanostructures with exposed {001}/{101} facets for enhancing visible light photocatalytic activity[J]. Ceramics International, 2017, 43(3): 3118-3126.

[82] Yuan Y J, Ye Z J, Lu H W, et al. Constructing anatase TiO_2 nanosheets with exposed (001) facets/layered MoS_2 two-dimensional nanojunctions for enhanced solar hydrogen generation [J]. Acs Catalysis, 2016, 6(2): 532-541.

[83] Tahir M, Tahir B. Dynamic photocatalytic reduction of CO_2 to CO in a honeycomb monolith reactor loaded with Cu and N doped TiO_2 nanocatalysts[J]. Applied Surface Science, 2016, 377: 244-252.

[84] Zhao Y, Li C, Liu X, et al. Synthesis and optical properties of TiO_2 nanoparticles[J]. Materials Letters, 2007, 61(1): 79-83.

[85] Wang Q, Niu T, Wang L, et al. FeF_2/$BiVO_4$ heterojuction photoelectrodes and evaluation of its photoelectrochemical performance for water splitting[J]. Chemical Engineering Journal, 2018, 337: 506-514.

[86] Xiong Z, Lei Z, Chen X, et al. CO_2 photocatalytic reduction over Pt deposited TiO_2 nanocrystals with coexposed {101} and {001} facets: Effect of deposition method and Pt precursors[J]. Catalysis Communications, 2017, 96: 1-5.

[87] She H, Zhou H, Li L, et al. Construction of a two-dimensional composite derived from TiO_2 and SnS_2 for enhanced photocatalytic reduction of CO_2 into CH_4[J]. ACS Sustainable Chemistry & Engineering, 2018, 7(1): 650-659.

[88] Zhou S, Yue P, Huang J, et al. High-performance photoelectrochemical water splitting of $BiVO_4$@Co-MIm prepared by a facile in-situ deposition method[J]. Chemical Engineering Journal, 2019, 371: 885-892.

[89] Wang Q, He J, Shi Y, et al. Synthesis of MFe_2O_4(M= Ni, Co)/$BiVO_4$ film for photoelectrochemical hydrogen production activity[J]. Applied Catalysis B: Environmental, 2017, 214: 158-167.

[90] She H, Yue P, Ma X, et al. Fabrication of $BiVO_4$ photoanode cocatalyzed with NiCo-layered double hydroxide for enhanced photoactivity of water oxidation[J]. Applied Catalysis B: Environmental, 2020, 263: 118280.

[91] She H, Jiang M, Yue P, et al. Metal (Ni^{2+}/Co^{2+}) sulfides modified $BiVO_4$ for effective improvement in photoelectrochemical water splitting[J]. Journal of colloid and interface science, 2019, 549: 80-88.

[92] Chang X, Wang T, Gong J. CO_2 photo-reduction: insights into CO_2 activation and reaction on surfaces of photocatalysts[J]. Energy & Environmental Science, 2016, 9(7): 2177-2196.

[93] Pelaez M, Nolan N T, Pillai S C, et al. A review on the visible light active titanium dioxide photocatalysts for environmental applications[J]. Applied Catalysis B: Environmental, 2012, 125: 331-349.

[94] Rayati S, Sheybanifard Z, Amini M M, et al. Manganese porphines-NH_2@ SBA-15 as heterogeneous catalytic systems with homogeneous behavior: Effect of length of linker in immobilized manganese porphine catalysts in oxidation of olefins[J]. Journal of Molecular Catalysis A:

Chemical, 2016, 423: 105-113.

[95] La D D, Rananaware A, Salimimarand M, et al. Well-dispersed assembled porphyrin nanorods on graphene for the enhanced photocatalytic performance[J]. ChemistrySelect, 2016, 1(15): 4430-4434.

[96] Zhang H, Wei J, Dong J, et al. Efficient Visible-Light-Driven Carbon Dioxide Reduction by a Single-Atom Implanted Metal-Organic Framework[J]. Angewandte Chemie, 2016, 128(46): 14522-14526.

[97] Li H, Eddaoudi M, O'Keeffe M, et al. Design and synthesis of an exceptionally stable and highly porous metal-organic framework[J]. nature, 1999, 402(6759): 276-279.

[98] Lian X, Fang Y, Joseph E, et al. Enzyme–MOF (metal–organic framework) composites [J]. Chemical Society Reviews, 2017, 46(11): 3386-3401.

[99] Feng D, Gu Z Y, Li J R, et al. Zirconium-metalloporphyrin PCN-222: mesoporous metal-organic frameworks with ultrahigh stability as biomimetic catalysts[J]. Angewandte Chemie International Edition, 2012, 51(41): 10307-10310.

[100] Huang N, Wang K, Drake H, et al. Tailor-made Pyrazolide-based metal-organic frameworks for selective catalysis [J]. Journal of the American Chemical Society, 2018, 140(20): 6383-6390.

[101] Zhang H, Wei J, Dong J, et al. Efficient Visible-Light-Driven Carbon Dioxide Reduction by a Single–Atom Implanted Metal–Organic Framework[J]. Angewandte Chemie, 2016, 128 (46): 14522-14526.

[102] Chen Y Z, Wang Z U, Wang H, et al. Singlet oxygen-engaged selective photo-oxidation over Pt nanocrystals/porphyrinic MOF: the roles of photothermal effect and Pt electronic state [J]. Journal of the American Chemical Society, 2017, 139(5): 2035-2044.

[103] Zhao Y, Dong Y, Lu F, et al. Coordinative integration of a metal-porphyrinic framework and TiO_2 nanoparticles for the formation of composite photocatalysts with enhanced visible–light–driven photocatalytic activities [J]. Journal of Materials Chemistry A, 2017, 5(29): 15380-15389.

[104] She H, Li L, Sun Y, et al. Facile preparation of mixed-phase CdS and its enhanced photocatalytic selective oxidation of benzyl alcohol under visible light irradiation[J]. Applied Surface Science, 2018, 457: 1167-1173.

[105] He X, Gan Z, Fisenko S, et al. Rapid formation of metal-organic frameworks (MOFs) based nanocomposites in microdroplets and their applications for CO_2 photoreduction[J]. ACS Applied Materials & Interfaces, 2017, 9(11): 9688-9698.

[106] Crake A, Christoforidis K C, Gregg A, et al. The effect of materials architecture in TiO_2/MOF composites on CO_2 photoreduction and charge transfer[J]. Small, 2019, 15(11): 1805473.

[107] Tu J, Zeng X, Xu F, et al. Microwave-induced fast incorporation of titanium into UiO-66 metal-organic frameworks for enhanced photocatalytic properties[J]. Chemical Communications, 2017, 53(23): 3361-3364.

[108] Guan B Y, Lu Y, Wang Y, et al. Porous Iron-Cobalt Alloy/Nitrogen-Doped Carbon Cages Synthesized via Pyrolysis of Complex Metal-Organic Framework Hybrids for Oxygen Reduction [J]. Advanced Functional Materials, 2018, 28(10): 1706738.

[109] Wang Q, He J, Shi Y, et al. Designing non-noble/semiconductor Bi/$BiVO_4$ photoelectrode

for the enhanced photoelectrochemical performance[J]. Chemical Engineering Journal, 2017, 326: 411-418.

[110] Deibert B J, Li J. A distinct reversible colorimetric and fluorescent low pH response on a water-stable zirconium-porphyrin metal-organic framework[J]. Chemical Communications, 2014, 50(68): 9636-9639.

[111] Liu Y, Howarth A J, Hupp J T, et al. Selective Photooxidation of a Mustard-Gas Simulant Catalyzed by a Porphyrinic Metal-Organic Framework[J]. Angewandte Chemie, 2015, 127(31): 9129-9133.

[112] Wang F, Li C, Chen H, et al. Plasmonic harvesting of light energy for Suzuki coupling reactions[J]. Journal of the American Chemical Society, 2013, 135(15): 5588-5601.

[113] Vermoortele F, Bueken B, Le Bars G, et al. Synthesis modulation as a tool to increase the catalytic activity of metal-organic frameworks: the unique case of UiO-66 (Zr)[J]. Journal of the American Chemical Society, 2013, 135(31): 11465-11468.

[114] Yang Q, Xu Q, Jiang H L. Metal-organic frameworks meet metal nanoparticles: synergistic effect for enhanced catalysis[J]. Chemical society reviews, 2017, 46(15): 4774-4808.

[115] Wang L, Duan S, Jin P, et al. Anchored Cu (II) tetra (4-carboxylphenyl) porphyrin to P25 (TiO_2) for efficient photocatalytic ability in CO_2 reduction[J]. Applied Catalysis B: Environmental, 2018, 239: 599-608.

[116] Won D I, Lee J S, Ba Q, et al. Development of a lower energy photosensitizer for photocatalytic CO_2 reduction: modification of porphyrin dye in hybrid catalyst system[J]. ACS Catalysis, 2018, 8(2): 1018-1030.

[117] Shi R, Lv D, Chen Y, et al. Highly selective adsorption separation of light hydrocarbons with a porphyrinic zirconium metal-organic framework PCN-224[J]. Separation and Purification Technology, 2018, 207: 262-268.

[118] Liu X, Qi W, Wang Y, et al. Rational design of mimic multienzyme systems in hierarchically porous biomimetic metal-organic frameworks[J]. ACS applied materials & interfaces, 2018, 10(39): 33407-33415.

[119] Huang H, Xiao K, Tian N, et al. Template-free precursor-surface-etching route to porous, thin g-C_3N_4 nanosheets for enhancing photocatalytic reduction and oxidation activity[J]. Journal of Materials Chemistry A, 2017, 5(33): 17452-17463.

[120] Yuan Y P, Yin L S, Cao S W, et al. Improving photocatalytic hydrogen production of metal-organic framework UiO-66 octahedrons by dye-sensitization[J]. Applied Catalysis B: Environmental, 2015, 168: 572-576.

[121] Wang M, Han Q, Li L, et al. Construction of an all-solid-state artificial Z-scheme system consisting of Bi_2WO_6/Au/CdS nanostructure for photocatalytic CO_2 reduction into renewable hydrocarbon fuel[J]. Nanotechnology, 2017, 28(27): 274002.

[122] Li H, Qin F, Yang Z, et al. New reaction pathway induced by plasmon for selective benzyl alcohol oxidation on BiOCl possessing oxygen vacancies[J]. Journal of the American Chemical

Society, 2017, 139(9): 3513-3521.

[123] Li H, Shang J, Yang Z, et al. Oxygen vacancy associated surface Fenton chemistry: surface structure dependent hydroxyl radicals generation and substrate dependent reactivity[J]. Environmental science & technology, 2017, 51(10): 5685-5694.

[124] Xu M, Chen Y, Qin J, et al. Unveiling the role of defects on oxygen activation and photodegradation of organic pollutants[J]. Environmental science & technology, 2018, 52(23): 13879-13886.

[125] Feng Y, Li H, Ling L, et al. Enhanced photocatalytic degradation performance by fluid-induced piezoelectric field[J]. Environmental science & technology, 2018, 52(14): 7842-7848.

[126] Jin J, Yu J, Guo D, et al. A hierarchical Z-scheme CdS-WO_3 photocatalyst with enhanced CO_2 reduction activity[J]. Small, 2015, 11(39): 5262-5271.

[127] Chen C S, Cheng W H, Lin S S. Study of reverse water gas shift reaction by TPD, TPR and CO_2 hydrogenation over potassium-promoted Cu/SiO_2 catalyst[J]. Applied Catalysis A: General, 2003, 238(1): 55-67.

[128] Bebelis S, Karasali H, Vayenas C G. Electrochemical promotion of the CO_2 hydrogenation on Pd/YSZ and Pd/β''-Al_2O_3 catalyst-electrodes[J]. Solid State Ionics, 2008, 179(27-32): 1391-1395.

[129] Li C W, Kanan M W. CO_2 reduction at low overpotential on Cu electrodes resulting from the reduction of thick Cu_2O films[J]. Journal of the American Chemical Society, 2012, 134(17): 7231-7234.

[130] Sato S, Morikawa T, Kajino T, et al. A highly efficient mononuclear iridium complex photocatalyst for CO_2 reduction under visible light[J]. Angewandte Chemie International Edition, 2013, 52(3): 988-992.

[131] Chang X, Wang T, Zhang P, et al. Stable aqueous photoelectrochemical CO_2 reduction by a Cu_2O dark cathode with improved selectivity for carbonaceous products[J]. Angewandte Chemie International Edition, 2016, 55(31): 8840-8845.

[132] Huan T N, Simon P, Benayad A, et al. Cu/Cu_2O electrodes and CO_2 reduction to formic acid: Effects of organic additives on surface morphology and activity[J]. Chemistry - A European Journal, 2016, 22(39): 14029-14035.

[133] Karamad M, Hansen H A, Rossmeisl J, et al. Mechanistic pathway in the electrochemical reduction of CO_2 on RuO_2[J]. ACS Catalysis, 2015, 5(7): 4075-4081.

[134] Jiao X, Chen Z, Li X, et al. Defect-mediated electron-hole separation in one-unit-cell $ZnIn_2S_4$ layers for boosted solar-driven CO_2 reduction[J]. Journal of the American Chemical Society, 2017, 139(22): 7586-7594.